Shahide Dehghan
Hossein Norouzi
Hossein Gholami

Eficiência energética na construção

Shahide Dehghan
Hossein Norouzi
Hossein Gholami

Eficiência energética na construção

ScienciaScripts

Imprint

Any brand names and product names mentioned in this book are subject to trademark, brand or patent protection and are trademarks or registered trademarks of their respective holders. The use of brand names, product names, common names, trade names, product descriptions etc. even without a particular marking in this work is in no way to be construed to mean that such names may be regarded as unrestricted in respect of trademark and brand protection legislation and could thus be used by anyone.

Cover image: www.ingimage.com

This book is a translation from the original published under ISBN 978-620-8-06391-7.

Publisher:
Sciencia Scripts
is a trademark of
Dodo Books Indian Ocean Ltd. and OmniScriptum S.R.L publishing group

120 High Road, East Finchley, London, N2 9ED, United Kingdom
Str. Armeneasca 28/1, office 1, Chisinau MD-2012, Republic of Moldova, Europe
Managing Directors: Ieva Konstantinova, Victoria Ursu
info@omniscriptum.com

Printed at: see last page
ISBN: 978-620-3-49674-1

Eficiência energética na construção

Shahide Dehghan[1], Hossein Norouzi[2] Hossein Gholami[3]

[1]Departamento de Geografia, Secção de Najafabad, Universidade Islâmica Azad, Najafabad, Irão

[2]Departamento de Engenharia Civil, Isfahan (Khorasgan) Branch, Islamic Azad University, Isfahan, Irão

[3]Departamento de Engenharia Civil, Isfahan (Khorasgan) Branch, Islamic Azad University, Isfahan, Irão

2025

Índice

Prefácio

As instalações em edifícios, enquanto sistemas relacionados com a transmissão, fornecimento e distribuição de energia e serviços no interior do edifício, desempenham um papel muito importante na qualidade de vida dos residentes e na eficiência do edifício. Com o avanço da tecnologia, os métodos e equipamentos utilizados na execução das instalações têm vindo a ser melhorados e optimizados, de modo a que não só ajudem a reduzir o consumo de energia e os custos associados, como também ajudem a preservar o ambiente e a aumentar a sustentabilidade dos edifícios. Neste artigo, vamos analisar os vários métodos de implementação de instalações em edifícios, focando os métodos tradicionais e as novas tecnologias. Além disso, examinaremos as vantagens e desvantagens de cada um desses métodos para determinar as melhores opções para a implementação de instalações em edifícios. As instalações em edifícios incluem vários tipos de sistemas técnicos que evoluíram desde o início da arquitetura até aos dias de hoje. Estes sistemas incluem a eletricidade, o calor, o frio, o ar condicionado e a gestão da água e das águas residuais. Os sistemas inteligentes incluem a utilização de sensores, redes sem fios e software avançado para monitorização e controlo inteligente do consumo de energia e das condições do ar nos edifícios. Estes sistemas oferecem a possibilidade de recolher dados detalhados do edifício e, através da análise desses dados, optimizam o consumo de energia e melhoram a eficiência dos sistemas de utilidade pública. A utilização de fontes de energia renováveis inclui a instalação de painéis solares, sistemas de aquecimento geotérmico e sistemas de ar condicionado reciclados. Estas fontes de energia são mais económicas e sustentáveis devido à utilização de recursos naturais como o sol e o calor da terra, bem como devido a menores efeitos ambientais. A gestão da energia inclui a utilização de vários softwares e sistemas para monitorizar, analisar e otimizar o consumo de energia no edifício. Ao analisar os dados de consumo de energia, estes sistemas fornecem medidas como a programação do consumo de energia e a identificação do consumo excessivo. A eficiência energética nos edifícios, através da utilização de métodos avançados e novas tecnologias, desempenha um papel muito importante na melhoria da qualidade de vida dos residentes, na redução dos custos energéticos, na preservação do ambiente e no aumento da sustentabilidade dos edifícios. Escolhendo e utilizando os modelos e tecnologias adequados para a implementação das instalações, é possível alcançar uma maior eficiência energética e obter benefícios económicos e ambientais significativos. Finalmente, é essencial prestar atenção às vantagens e desvantagens de cada um dos métodos e escolher a opção mais adequada em função das necessidades e condições específicas do edifício, o que contribui para uma maior produtividade e sustentabilidade a longo prazo.

Introdução

Como parte dos esforços globais para evitar o aquecimento global, foram propostas soluções específicas para cada área que reduzem o consumo de carbono. Entrar no sector da construção é potencialmente a forma mais fácil de reduzir a produção de gases com efeito de estufa e de criar empregos em todo o mundo. Uma vez que os edifícios queimam 40% da energia consumida, a conceção de edifícios ou a reabilitação de edifícios existentes pode ajudar a cumprir os objectivos climáticos estabelecidos. Na sequência do aumento constante do preço dos vectores energéticos no mundo e dos efeitos ambientais nocivos causados pelo aumento da produção de energia, uma das soluções práticas para aumentar a eficiência energética dos edifícios é o isolamento térmico das paredes exteriores do edifício. Na sequência do aumento constante do preço dos vectores energéticos no mundo e dos efeitos ambientais nocivos causados pelo aumento da produção de energia, uma das soluções práticas para aumentar a eficiência energética dos edifícios é o isolamento térmico das paredes exteriores do edifício. Aumentar a eficiência energética dos edifícios com isolamento térmico é o título do próximo artigo. As questões ambientais actuais exigem uma investigação aprofundada sobre a eficiência energética e o armazenamento de energia nos edifícios, a fim de reduzir o consumo de combustíveis convencionais e a produção de CO2, que provoca o efeito de estufa. Por conseguinte, as instituições da União Europeia que trabalham no domínio da energia recomendam o aumento da produção de energias renováveis e a redução dos gases com efeito de estufa. Na União Europeia, 50% do consumo total de energia é atribuído aos edifícios, o que indica a sua poluição relativamente elevada e o seu papel nos danos ambientais.

Corpo do texto

Os membros da União Europeia são obrigados a reduzir as emissões de gases com efeito de estufa de acordo com o pacote publicado pela Comissão Europeia. E", ao aumentar a produção de energia através de métodos renováveis em 22% e ao melhorar a eficiência energética em 22% até 2020, reduzem a produção de gases com efeito de estufa em 22%. A redução da procura de energia dos edifícios, centrada na estrutura e nos ocupantes, terá um efeito significativo na redução das emissões de CO_2, uma vez que praticamente um quarto do CO_2 produzido é criado desta forma. Dependendo da estrutura de consumo de energia do edifício, o comportamento térmico do revestimento do edifício é o principal fator que afecta o consumo de energia, pelo que as paredes isoladas podem reduzir o consumo de energia necessário para arrefecer e aquecer o edifício. Foram investigados vários edifícios na Roménia que apresentavam um consumo de energia excessivo e cujo nível de conforto era muito baixo. Estes edifícios eram muito pobres em termos de condições térmicas e altamente susceptíveis de aplicação da questão da poupança de energia. Atualmente, na Roménia, a maior parte do potencial de poupança do consumo de energia e de redução das emissões de gases com efeito de estufa está orientada para a renovação térmica dos edifícios existentes, que necessitam de melhorar a eficiência térmica para reduzir as necessidades de aquecimento do edifício. Um apartamento na Roménia é cerca de duas vezes mais caro do que um apartamento noutros países europeus, o que, por sua vez, aumenta os custos actuais. Uma solução para aumentar a eficiência energética dos edifícios consiste em reduzir a perda de calor através do invólucro do edifício através do isolamento interno ou externo das paredes. Com o isolamento externo das paredes, para além de melhorar as condições térmicas, o aspeto do edifício torna-se mais bonito. Outros benefícios da instalação de isolamento na superfície exterior da parede incluem a redução da perturbação da vida dos residentes, a eliminação da humidade e do bolor e a redução da necessidade de manutenção e reparações.

Devido à falta de regras executivas para a uniformidade do isolamento, a renovação dos edifícios pode ter um resultado negativo, ou seja, a renovação do isolamento do edifício, para além da ineficiência, afecta a sua aparência e torna-o inconsistente com outros edifícios. Uma das formas simples e eficazes de poupar energia é o isolamento térmico dos edifícios. O principal objetivo do isolamento térmico dos edifícios é reduzir o consumo de energia necessário para o aquecimento e o arrefecimento, aumentando a resistência térmica do invólucro do edifício. Foi realizado um estudo comparativo entre os sistemas de isolamento térmico interior e exterior para otimizar o consumo de energia nos edifícios. Tanto o isolamento interior como o exterior reduzem significativamente as necessidades globais de energia, mas têm benefícios diferentes em termos de proteção da própria parede e do bolor, e verifica-se que a instalação de isolamento no exterior da parede é muito mais adequada. Como esperado, a necessidade de energia para aquecimento é significativamente reduzida com a utilização de isolamento interior ou exterior. Quando se instala uma camada de isolamento elastomérico, evita-se que as paredes exteriores arrefeçam durante a noite, enquanto que se a parede não estiver isolada, a transferência de calor entre o ar interior e exterior é muito maior, reduzindo assim significativamente a temperatura da parede. A maximização da produtividade na construção é essencial para o sucesso de qualquer empresa de construção e requer uma combinação de dicas e ferramentas para ser bem sucedida. A produtividade na construção é definida como a eficiência com que as actividades de construção são concluídas. A maximização da produtividade na construção é importante porque pode levar a uma melhor qualidade do trabalho, maior segurança no trabalho e maior satisfação no trabalho. Além disso, pode ajudar a reduzir o desperdício, aumentar os lucros e acelerar os tempos de execução, o que pode levar a um maior sucesso para qualquer empresa de construção. Existem várias dicas e ferramentas para maximizar a produtividade na construção. Exemplos destas dicas para maximizar a produtividade na construção incluem o planeamento e a calendarização, a comunicação e a colaboração, a racionalização de processos, a automatização de tarefas ocupadas, a eliminação de desperdícios, a utilização de tecnologia, a otimização de recursos e a implementação de protocolos de segurança. A gestão eficaz de um projeto de construção garante que o trabalho é concluído a tempo e dentro do orçamento. A calendarização e o planeamento são essenciais para qualquer projeto de construção. Estas coisas devem ser feitas tendo em conta a quantidade de tempo necessária para completar cada tarefa, a quantidade de materiais necessários e o número de trabalhadores necessários. A comunicação e a cooperação adequadas entre a equipa de construção e todas as partes interessadas também são essenciais para a conclusão bem sucedida do trabalho. A simplificação de processos, a automatização de tarefas de trabalho intensivo e a eliminação de desperdícios podem reduzir os custos, acelerar os tempos de conclusão e melhorar a segurança no trabalho. A utilização da tecnologia pode melhorar a precisão dos projectos de construção, otimizar os recursos e aumentar a eficiência. Finalmente, a implementação de protocolos de segurança é essencial para proteger os trabalhadores e garantir a conclusão segura do trabalho. As ferramentas ao dispor das equipas de construção para maximizar a produtividade podem ser divididas em duas categorias: ferramentas de gestão de projectos e ferramentas de gestão do desempenho, ou execução. Exemplos de ferramentas de gestão de projectos são: ferramentas de controlo do tempo/ferramentas de gestão de tarefas/ferramentas de gestão de documentos/ferramentas de gestão de recursos/ferramentas de estimativa/ferramentas de planeamento. Estas ferramentas permitem às equipas de construção acompanhar os progressos, gerir tarefas, armazenar documentos e otimizar recursos. Exemplos de ferramentas de gestão do desempenho incluem ferramentas de controlo de tempo, custos, materiais, mão de obra e outras variáveis. Estas ferramentas permitem que as equipas de construção monitorizem o desempenho e façam os ajustes necessários. Dicas e ferramentas para maximizar a produtividade da construção, enfatizando a importância do planeamento e da calendarização adequados, da comunicação e da colaboração, racionalizando os processos. Discutiremos a automatização de tarefas complexas, a eliminação de desperdícios, a utilização de tecnologia, a otimização de recursos e a implementação de protocolos de segurança. A programação e o planeamento são importantes para medir com precisão os recursos necessários para um projeto, o calendário concluído e o orçamento de trabalho. Isto ajuda a manter os projectos no bom caminho e dentro do orçamento. A comunicação e a colaboração entre os membros da equipa também são fundamentais, garantindo que todos os elementos do grupo estão em sintonia em termos de conhecimento e compreensão da situação existente e compreendem o âmbito do projeto. A simplificação dos processos e a automatização de tarefas intensivas podem reduzir o tempo de inatividade ou de paragem e melhorar a eficiência. Isto pode ser feito através de tecnologias como software e robots. É também necessário eliminar o desperdício e otimizar os recursos. Isto inclui encontrar formas de reciclar materiais e utilizar fontes de energia sustentáveis. A utilização da tecnologia é outro fator-chave para maximizar a produtividade, o que inclui a utilização de plataformas digitais para gerir melhor os projectos e as tarefas e a utilização de análises para acompanhar um melhor desempenho. A otimização dos recursos é outro fator importante. A maximização da produtividade implica a utilização de ferramentas avançadas para analisar dados, de modo a prever melhor os resultados e tomar decisões mais informadas. Inclui também a implementação de protocolos de segurança para reduzir o risco de acidentes e lesões. Finalmente, é importante utilizar as ferramentas corretas para o trabalho. Isto inclui a utilização de ferramentas de gestão de projectos para gerir tarefas, ferramentas de controlo do tempo para monitorizar o progresso, ferramentas de gestão do trabalho para atribuir tarefas, ferramentas de gestão de documentos para armazenar e gerir documentos, ferramentas de gestão de recursos para atribuir recursos de forma eficiente, ferramentas de estimativa para estimar com precisão os custos e os prazos, ferramentas de planeamento para ajudar a planear projectos e ferramentas de gestão do desempenho para acompanhar o progresso e o desempenho. As empresas de construção podem maximizar a sua produtividade e o seu sucesso seguindo estas dicas e utilizando as ferramentas certas para garantir As empresas de construção podem otimizar as suas operações e aumentar a produtividade utilizando a calendarização e o planeamento, simplificando os processos, automatizando as tarefas mais complicadas, tirando partido da tecnologia e implementando protocolos de segurança. Ao utilizar as ferramentas certas para o trabalho, as empresas de construção podem maximizar a sua eficiência e garantir que os seus projectos são concluídos a tempo e dentro do orçamento. A indústria da construção é uma das indústrias mais importantes e produtivas. Para aumentar a produtividade, foram desenvolvidas várias ferramentas para ajudar os profissionais da construção a maximizar a produtividade. Estas ferramentas ajudam a simplificar processos, automatizar tarefas intensivas, otimizar recursos e garantir o cumprimento dos protocolos de segurança. As ferramentas de gestão de projectos são uma das ferramentas mais importantes para maximizar a produtividade na construção. Estas ferramentas fornecem uma plataforma fácil para gerir projectos, acompanhar o progresso, atribuir tarefas e colaborar entre equipas. Também fornecem relatórios e análises pormenorizados para ajudar a identificar áreas de melhoria e medir os resultados. As ferramentas de controlo do tempo são essenciais para a conclusão bem sucedida de um projeto. Estas ferramentas ajudam os contratantes principais e os subcontratantes a controlar corretamente os calendários e a garantir que são pagos pelo seu trabalho e que o projeto é concluído a tempo. Também fornecem dados úteis para ajudar os gestores a acompanhar o progresso e a otimizar os recursos. As ferramentas de gestão de tarefas são essenciais para gerir projectos e recursos. Proporcionam uma visão geral clara das tarefas e dos objectivos intermédios, atribuem tarefas aos membros da equipa, acompanham o progresso e permitem a colaboração. As ferramentas de gestão de documentos são essenciais para armazenar e partilhar documentos. Fornecem uma plataforma segura e organizada para o armazenamento e partilha de documentos que permite um acesso fácil e a colaboração. As ferramentas de gestão de recursos são essenciais para garantir que os recursos certos estão no sítio certo à hora certa. Estas ferramentas ajudam os gestores a planear e otimizar os recursos e a garantir que os projectos são concluídos a tempo e dentro do orçamento. O sector da construção e da habitação é o maior consumidor de energia no Irão, com uma quota de mais de 40%. Não só o sector doméstico e comercial tem uma quota elevada no consumo de energia do país, como o consumo de energia dos edifícios no Irão é muito elevado em comparação com outros países e com as normas internacionais. Por outro lado, não só o potencial de poupança de energia no sector da construção e da habitação é geralmente mais elevado do que noutros sectores, como também a redução do consumo de energia neste sector é mais fácil e acessível com menos investimento do que noutros sectores. A redução do consumo de energia dos edifícios pode ser prosseguida em dois eixos: os edifícios existentes e os novos edifícios, que se devem concentrar nos novos edifícios devido à elevada procura de habitação no Irão e ao maior potencial de poupança. O nível muito elevado da procura de habitação no Irão e a necessidade de construir novas unidades residenciais realçam o potencial de redução do consumo de energia no sector dos edifícios e da habitação, concentrando-se apenas nos novos edifícios. Com base nas condições económicas, técnicas e sociais do Irão, as seguintes estratégias e políticas são adequadas para a eficiência energética no sector da construção e da habitação. 1. Reduzir o consumo de energia dos edifícios através da conceção arquitetónica; 2. Desenvolver normas e rótulos de consumo de energia para os edifícios; 3. Incentivar a construção de edifícios energeticamente eficientes; 4. Alterar o sistema de pagamento de subsídios; 5. Criar uma cultura de redução do consumo. Energia nos edifícios. O aumento da eficiência dos edifícios é uma das questões críticas no domínio da engenharia da construção, que tem um efeito profundo na economia, no ambiente e na qualidade de vida das pessoas.

Com a' expansão cada vez maior da urbanização e a necessidade de um crescimento sustentável, a otimização da utilização de recursos e o aumento da eficiência nos processos de construção tornaram-se muito importantes. Em projectos de construção, produtividade significa otimizar a utilização de recursos e processos de forma a atingir os objectivos e necessidades do projeto. Este conceito inclui a eficiência no consumo de energia, a melhoria da qualidade da construção, a eficiência do tempo e dos custos e a gestão optimizada de vários recursos. O principal objetivo do aumento da produtividade nos edifícios é melhorar o desempenho destes edifícios através da otimização e utilização optimizada dos recursos. Este esforço de produtividade inclui vários aspectos que podem levar a um progresso contínuo no domínio da construção. Neste contexto, a eficiência energética dos edifícios assume particular importância. A otimização do consumo de energia e a utilização de tecnologias ecológicas podem levar à redução do consumo de energia, à proteção do ambiente e à redução dos custos energéticos. Além disso, estas medidas são eficazes para melhorar a qualidade dos edifícios. A utilização de materiais de alta qualidade, a utilização de novas tecnologias e a execução mais precisa dos projectos conduzem a uma redução da necessidade de reparações e de reconstrução dos materiais de construção. Além disso, o aumento da eficiência dos edifícios reduz o desperdício de recursos. Uma melhor gestão dos recursos reduz o desperdício de materiais e aumenta a sua reciclagem e reutilização. Estas medidas não só ajudam a preservar o ambiente, como também são eficazes na melhoria dos custos. No contexto económico, o aumento da produtividade nos edifícios leva à criação de processos mais económicos e optimizados. Ajuda a reduzir os custos, a aumentar a produtividade e a melhorar a rentabilidade das empresas relacionadas com o sector da construção. Finalmente, estes desenvolvimentos não só contribuem para um desenvolvimento mais sustentável do sector da construção, como também conduzem à qualidade de vida das pessoas e à preservação do ambiente. Existe um conjunto de soluções para aumentar a produtividade da construção que podem ajudá-lo a tirar o máximo partido do seu projeto. De seguida, apresentamos soluções para aumentar a produtividade da construção. A utilização de tecnologias avançadas na conceção, construção e gestão de edifícios pode ajudar a aumentar a produtividade. Isto inclui a utilização de sistemas inteligentes, energias renováveis e soluções digitais para a gestão e controlo inteligentes dos edifícios. É possível aumentar a eficiência energética dos edifícios através da utilização de sistemas de isolamento, iluminação inteligente, sistemas de ar condicionado inteligentes e utilização de equipamento com menor consumo de energia. A escolha de materiais de alta qualidade, de acordo com as normas mais recentes, é considerada uma solução importante para a eficiência dos edifícios. Para além de aumentar a vida útil do edifício, estes materiais ajudam a reduzir a necessidade de reparações e manutenção. É muito importante criar sistemas inteligentes e optimizados de gestão de recursos para o consumo de água, energia e materiais de construção. Isto inclui a utilização de sistemas de monitorização, a medição automática do consumo e a automatização da gestão dos diferentes componentes do edifício. O aumento da produtividade do edifício através da redução de peso, provoca várias melhorias no desempenho e na eficiência do edifício. De seguida, são referidas as vantagens e os efeitos positivos deste método. A redução do peso do edifício conduzirá a uma redução do consumo de energia nos processos de transporte de materiais e de construção, bem como no processo de manutenção e utilização do edifício. Isto ajuda a otimizar a utilização da energia de diferentes fontes e, em última análise, reduz os custos energéticos relacionados com o edifício. Ao reduzir o peso do edifício, reduz-se o consumo de recursos naturais e os efeitos negativos no ambiente. Além disso, ao reduzir a poluição atmosférica e os gases com efeito de estufa, esta abordagem ajuda a manter o equilíbrio ecológico. Os edifícios mais leves em termos de peso não só são mais rápidos na construção e instalação, como também aumentam o conforto dos residentes. Este aumento do conforto inclui a melhoria da temperatura interior, a prevenção da sensação de peso do edifício e a melhoria da qualidade do ar interior. Os edifícios mais leves reduzem a carga de construção e aumentam a segurança contra os sismos. Esta caraterística pode ser eficaz para reduzir os danos causados pelos terramotos e aumentar a resistência do edifício. Ao realizar o aligeiramento, a carga do edifício é reduzida, o que optimiza as actividades e os materiais consumidos durante a construção. Esta ação ajuda a reduzir os custos e a otimizar a utilização dos recursos. Os edifícios mais leves são mais resistentes a choques e forças externas, o que leva a uma redução dos danos e da necessidade de reparações após vários acidentes. Os diferentes edifícios têm condições e necessidades específicas. Precisam de mais produtividade. Neste sentido, ao aumentar a produtividade, os edifícios comerciais e de escritórios podem reduzir os custos energéticos, melhorar o ambiente de trabalho e contribuir para a rentabilidade das empresas. Os edifícios industriais também requerem eficiência no consumo de energia e otimização dos processos de produção. Estas medidas podem ajudar a aumentar a produtividade e a reduzir os custos de produção. Além disso, os edifícios residenciais podem otimizar o consumo de energia e aumentar a qualidade de vida dos residentes através da utilização de sistemas inteligentes e tecnologias ecológicas. No domínio dos edifícios hospitalares, o aumento da produtividade através da utilização de tecnologias médicas avançadas e da gestão inteligente dos recursos pode melhorar e aperfeiçoar os serviços de saúde. Os edifícios de ensino também podem alcançar uma maior produtividade através da atualização da tecnologia educativa e da criação de melhores condições de ensino. O aumento da produtividade nestes edifícios não é apenas benéfico para os seus proprietários, mas também importante para a sociedade em geral. Tendo em conta a importância crescente da produtividade nos edifícios e o seu papel vital na melhoria da qualidade de vida humana e na preservação do ambiente, parece necessário aumentar a produtividade dos edifícios. As medidas tomadas para melhorar o desempenho e reduzir o consumo de recursos não só ajudam a aumentar a rentabilidade e a melhoria económica, como também ajudam a preservar os recursos naturais e a criar ambientes saudáveis e sustentáveis. Esperamos que estes esforços para aumentar a produtividade dos edifícios tragam mais melhorias e progressos para a vida humana. A eficiência energética nos edifícios é uma das questões vitais e importantes no domínio do ambiente e da economia. O consumo de energia nos edifícios tem um impacto significativo no ambiente e nos custos financeiros. A utilização de materiais de isolamento com melhores propriedades de isolamento pode ajudar a reduzir a necessidade de sistemas de aquecimento e arrefecimento nos edifícios, o que conduz a um menor consumo de energia. A escolha de materiais com propriedades térmicas adequadas. E a utilização de sistemas de ventilação mecanizada de alta eficiência pode ajudar a eficiência energética dos edifícios. A utilização de materiais de construção que utilizam fontes de energia renováveis, como o sol e o vento, pode ajudar a reduzir a necessidade de energia não renovável. A instalação de sistemas solares activos (painéis solares) e passivos (aquecimento de água com recurso ao sol) pode ajudar a produzir energia para os edifícios e a reduzir o consumo de energia. Desenvolvimento de normas de construção com ênfase na eficiência energética e na utilização de materiais de elevada qualidade e eficiência. Incentivo à utilização de materiais de construção ecológicos e adequados ao ambiente. Sensibilização do público para os novos métodos e tecnologias de eficiência energética nos edifícios. A utilização de materiais de construção com elevada eficiência energética pode ter muitos efeitos positivos no ambiente e nos custos financeiros relacionados com a energia nos edifícios. Para atingir este objetivo, é necessário incentivar a utilização de materiais adequados e de novas tecnologias, a fim de melhorar a eficiência energética dos edifícios. Os métodos de gestão Lean são uma ferramenta comprovada que pode melhorar a produtividade nos sectores da indústria transformadora, da construção civil, dos cuidados de saúde e da manutenção. Neste artigo, foi investigado o conceito de métodos de gestão lean para melhorar a eficiência energética em edifícios não domésticos, reduzindo os custos e mantendo a satisfação dos residentes com as condições de conforto. A implementação do sistema de produção enxuta [9] inclui principalmente o sistema de produção ocasional que actua como actividades de controlo da produção de produtos ou serviços a pedido do cliente. O sistema de produção just-in-time é uma filosofia de gestão japonesa que se centra na produção dos produtos ou serviços desejados, com a quantidade e a qualidade certas, no momento e no local desejados. Para além de reduzir os desperdícios e os custos no sector da produção, o sistema de produção just-in-time tentou melhorar a qualidade, a eficiência e a produtividade. Em termos de consumo de energia nos edifícios, o sistema de produção just-in-time é mencionado como um método de controlo para assegurar o equilíbrio entre a oferta e a procura de energia, o que permite reduzir as perdas e os custos de energia. Para conseguir a implementação correta do método de produção just-in-time no edifício, a solução mais importante para controlar a procura é a criação de elasticidade de preços e a aplicação de tarifas de preços reais para os edifícios. Uma das primeiras soluções para responder às tarifas de preços em diferentes momentos é a gestão do lado da procura e a alteração da carga de consumo, que inclui várias abordagens, como incentivos financeiros e a alteração do comportamento dos utilizadores através da educação. A maioria dos clientes não domésticos paga a energia não só pelo consumo total de energia, mas também pelos custos de energia durante as horas de maior procura. Por conseguinte, a localização dos sistemas de armazenamento de energia pode ser utilizada para gerar arrefecimento e armazenamento através de meios de armazenamento a frio, como a água, o gelo ou materiais de mudança de fase, durante os períodos de consumo de energia fora das horas de ponta, quando a tarifa é muito mais barata. Curdo. Do ponto de vista do funcionamento do edifício, é óbvio que os clientes serão os proprietários do edifício, que decidem comprar e investir no desempenho do edifício durante a sua vida útil. Além disso, os ocupantes do edifício podem levar a sério o aspeto da gestão adequada do seu edifício, o tempo de vida do edifício e a manutenção do desempenho comercial como principal fator de decisão. A gestão da energia, como resumo desta abordagem, consiste em reduzir o consumo de energia, mas devido à inconsistência das actividades dos residentes, é uma questão organizacional muito complexa para os edifícios não domésticos. Os sistemas de construção que desempenham um papel duplo incluem a minimização do consumo de energia e também a maximização do consumo de energia. Este objetivo de duas faces pode ser utilizado através da implementação de uma gestão energética eficaz que, para além de otimizar o consumo de energia, mantenha o conforto térmico com base na procura real dos residentes. O conforto térmico e o conforto visual são dois aspectos diferentes do conforto que são utilizados no projeto e na conceção dos edifícios. É necessário fornecer serviços de construção ao mais alto nível de satisfação dos residentes, para além de otimizar o consumo de energia nos edifícios. Utilizando as normas ASHRAE e outras normas relacionadas, utilizando sistemas de armazenamento de energia, bem como integrando sistemas de ar condicionado ou de iluminação na automatização de edifícios e a interação destes sistemas, os sistemas podem ajudar os ocupantes dos edifícios a garantir que a sua utilização é óptima. Os edifícios devem ser suficientemente flexíveis para acomodar as necessidades dos ocupantes e os movimentos do pessoal que tornam os sistemas existentes ineficazes e imutáveis, adaptar-se às alterações climáticas, às cargas eléctricas, às cargas de arrefecimento e aquecimento. Melhorias contínuas na otimização do desempenho energético dos edifícios pela equipa de gestão das instalações através de estratégias de manutenção, exploração e resistência de baixo custo ou mesmo sem custos A manutenção é feita através do controlo operacional e da manutenção preventiva. Além disso, os sistemas de gestão da energia (BEMS) podem ajudar continuamente a gestão da energia a obter potenciais poupanças de energia e de custos. Ao avaliar o desempenho do edifício, considere a realização de auditorias energéticas para identificar potenciais poupanças de energia, juntamente com É essencial fornecer informações essenciais que serão utilizadas na avaliação. A informação sobre o consumo de energia também pode ser obtida através de feedback ou auditorias. O TPM é uma abordagem abrangente à manutenção, com ênfase na manutenção preventiva, a fim de maximizar a eficiência do funcionamento do equipamento. Esta abordagem, através da execução das tarefas e da participação dos funcionários da equipa de manutenção, não só aumenta o tempo de trabalho, como também reduz o tempo de ciclo e os defeitos/perdas na fase de funcionamento. No sector dos edifícios, a implementação de medidas básicas para poupar energia e aumentar a produtividade A energia é melhorada através de medidas de operação, manutenção e reparação. Os programas de manutenção de AVAC são normalmente classificados em quatro tipos, que incluem testes e inspecções, manutenção programada, manutenção baseada nas condições e manutenção corretiva. Experiências anteriores mostraram que a manutenção corretiva deve ser substituída por estratégias de manutenção preventiva adequadas para minimizar o tempo de inatividade do sistema AVAC e evitar avarias súbitas. Atualmente, muitas medidas para melhorar a eficiência energética com novos métodos em edifícios, não são reconhecidas como abordagens de conceito de gestão lean. Através da classificação das medidas de eficiência energética em actividades lean, a avaliação eficaz e abrangente de cada critério pode ser mais estruturada no futuro, o que é o primeiro passo para tomar medidas graduais para melhorar a eficiência energética do edifício. Na etapa seguinte, pode ser explorada uma compreensão profunda do peso e das inter-relações entre cada um dos factores de influência, para formar um melhor quadro de avaliação das medidas de eficiência energética. Num edifício, a quantidade de energia medida por metro quadrado da área de construção é designada por eficiência energética, e o critério de consumo de energia para um determinado tipo de edifício, de acordo com o tipo de arquitetura e de equipamento mecânico e elétrico utilizado nas suas instalações, em condições de água, dá um ar definido aos engenheiros de construção e aos operadores de instalações eléctricas e mecânicas. Os governos são obrigados a fornecer energia segura no sentido do crescimento económico. Em muitos países em desenvolvimento, há muito pouca diferença entre a fonte de abastecimento de eletricidade e a procura de consumo de eletricidade. medida que o consumo de eletricidade dos consumidores aumenta, as novas comunicações e a nova produção têm de utilizar um método fiável para satisfazer a procura crescente. Além disso, devido à alteração dos padrões climáticos e ao aumento do risco de seca, os países que dependem fortemente da energia hidroelétrica como principal fonte de produção de eletricidade perderam grande parte da sua capacidade de produção em resultado do racionamento. As condições climatéricas exigidas no ambiente do edifício, as condições climatéricas no exterior do edifício e as caraterísticas do edifício (transferência de calor à superfície e transferência de calor devido à penetração do ar) são os parâmetros que determinam a energia bruta necessária para o edifício. A energia natural inclui o calor solar. O arrefecimento torna-se inativo, o fluxo de ventilação natural e a luz do dia. A maximização inteligente da quantidade de energia natural absorvida pelo edifício pode levar a uma redução significativa da energia necessária para satisfazer as necessidades energéticas do edifício. Os edifícios ecológicos, para além de minimizarem o desperdício de energia, também fazem uma utilização inteligente dos recursos energéticos. A energia natural absorvida pelo edifício pode ser maximizada explorando o potencial de desempenho de um edifício em função da sua localização e do ambiente circundante e através dos seguintes métodos Mapa de construção, no qual se indicam os locais onde se pode encontrar a energia necessária para o edifício - Conceção do edifício de forma a que a luz do dia e a ventilação natural sejam utilizadas para reduzir as perdas térmicas com esta abordagem. - A direção do edifício é concebida de modo a permitir a utilização da luz solar, evitando a radiação, a entrada direta da luz solar no edifício e o calor excessivo do ambiente. - Utilização de ventilação natural sempre que possível e adequado, juntamente com a utilização de ventilação mecânica ou ar condicionado nos locais onde é necessário. - Isolamento térmico e prevenção da penetração. Entrada de ar não desejado através da envolvente do edifício. É preferível que os pontos mencionados sejam realizados na fase de conceção do edifício e das instalações eléctricas e mecânicas do edifício; caso contrário, podem ser realizados durante a fase de renovação. O calor interno é a energia térmica gerada pelas pessoas, pela iluminação e pelos acessórios adicionados ao ambiente no interior do edifício. É desejável porque, em climas frios, o aquecimento interior reduz a energia necessária para aquecer o edifício, mas, em climas quentes, aumenta a energia necessária para arrefecer o edifício. Em edifícios de escritórios, lojas comerciais, centros comerciais, salas de espectáculos, etc., o calor produzido pelo equipamento ou pela iluminação artificial causa o problema do sobreaquecimento no interior dos edifícios durante a época de verão. Quando o número de ocupantes ou de clientes aumenta, o seu calor metabólico torna o ambiente interior mais quente. Energia fornecida, a quantidade de energia necessária para satisfazer as necessidades líquidas de energia de um edifício, como o aquecimento, a refrigeração, a ventilação, a água quente e a iluminação. A energia fornecida é normalmente expressa em quilowatts-hora e é fornecida por gás, petróleo ou combustíveis eléctricos. A energia natural inclui o aquecimento solar, o arrefecimento passivo, a ventilação natural e a luz do dia. A maximização inteligente da quantidade de energia natural absorvida pelo edifício pode levar a uma redução significativa da energia necessária para satisfazer as necessidades energéticas do edifício. Os edifícios ecológicos, para além de minimizarem o desperdício de energia, fazem também uma utilização inteligente dos recursos energéticos. A energia natural absorvida pelo edifício pode ser explorada explorando o potencial de desempenho de um edifício pela sua localização e ambiente circundante e através dos seguintes métodos foram maximizados: Mapa do edifício, onde são identificados os locais onde as necessidades energéticas do edifício podem ser minimizadas. A conceção do edifício deve ser feita de modo a que a luz do dia e a ventilação natural sejam utilizadas para reduzir as perdas de calor com esta abordagem. A direção do edifício deve ser concebida de forma a permitir a utilização da luz solar, evitando a entrada direta da luz solar no edifício e o calor excessivo do ambiente no interior. A ventilação mecânica ou o ar condicionado devem ser instalados nos locais onde são necessários. Isolamento térmico e prevenção da penetração indesejada de ar através da cobertura do edifício. A eficiência energética dos edifícios é uma das questões vitais e importantes no domínio do ambiente e da economia. O consumo de energia nos edifícios tem um efeito significativo no ambiente e nos custos financeiros. A utilização de materiais de isolamento com melhores propriedades de isolamento pode ajudar a reduzir a necessidade de sistemas de aquecimento e arrefecimento nos edifícios, o que conduz a um menor consumo de energia. A escolha de materiais com propriedades térmicas adequadas e a utilização de sistemas de ventilação mecanizada de elevada eficiência podem melhorar a eficiência energética dos edifícios. A utilização de materiais de construção que utilizam fontes de energia renováveis, como o sol e o vento, pode ajudar a reduzir a necessidade de energia não renovável. A instalação de sistemas solares activos (painéis solares) e passivos (aquecimento de água com recurso ao sol) pode ajudar a produzir energia para os edifícios e a reduzir o consumo de energia. Desenvolvimento de normas de construção de edifícios com ênfase na eficiência energética e na utilização de materiais de elevada qualidade e eficiência. Incentivar a utilização de materiais de construção ecológicos e amigos do ambiente. Sensibilização do público para os métodos e tecnologias. Novidades em matéria de eficiência energética nos edifícios. A utilização de materiais de construção com elevada eficiência energética pode ter muitos efeitos positivos no ambiente e nos custos financeiros relacionados com a energia nos edifícios. Para atingir este objetivo, é necessário incentivar a utilização de materiais adequados e o recurso a novas tecnologias, a fim de melhorar a eficiência energética dos edifícios. A ventilação adequada é essencial para o fluxo de ar fresco e para a proteção do edifício contra a humidade. A ventilação desnecessária desperdiça muita energia e dinheiro. Por exemplo, desperdiça 32% da energia na maioria dos edifícios comerciais e 27% nos edifícios industriais. Ao comprar novos motores, escolha sempre motores de maior eficiência que poupam até 7% nos custos de energia. Quando o aspeto da otimização da eficiência energética é considerado na gestão de projectos de construção, um dos melhores critérios de avaliação é a análise energética do ciclo de vida do edifício, incluindo a energia latente na construção e a energia utilizada durante a vida do edifício. A categoria de energia e a redução do consumo de energia estão intimamente ligadas ao aumento dos poluentes atmosféricos e ao aquecimento global. De várias convenções internacionais a várias conferências nacionais e internacionais, a questão da energia e da redução dos poluentes atmosféricos tornou-se um tema da atualidade e passou a estar no centro de vários círculos políticos, económicos, sociais e científicos. O desenvolvimento do design arquitetónico está intimamente relacionado com a tecnologia informática. Com o crescimento da economia do meu país e o rápido desenvolvimento da tecnologia informática na urbanização, a tecnologia da inteligência artificial proporcionou novos métodos de investigação para a indústria da construção. Atualmente, a indústria da construção do meu país está em expansão e o consumo de energia dos edifícios também está a aumentar rapidamente. Para orientar a indústria da construção no sentido do desenvolvimento da eficiência energética e da ecologia, várias empresas de construção estão a desenvolver ativamente tecnologias de eficiência energética dos edifícios. Enquanto tecnologia emergente na indústria da construção, a tecnologia BIM tem tido um impacto importante na definição de parâmetros, no controlo de custos, na colaboração profissional e na gestão da informação na engenharia da construção. Com base no desenvolvimento da tecnologia BIM e da tecnologia de inteligência artificial, este artigo investiga a aplicação específica da tecnologia BIM e de inteligência artificial em edifícios energeticamente eficientes, propõe um quadro para a conceção de edifícios energeticamente eficientes com base na tecnologia BIM e na inteligência artificial, e utiliza-o. Analisa-o. O BIM e a inteligência artificial na conceção de edifícios energeticamente eficientes proporcionam o valor de uma tecnologia de referência inovadora para o pessoal relevante do sector. A fim de melhorar a eficiência energética global do edifício no processo de conceção esquemática, foram utilizadas várias estratégias de eficiência energética, caraterísticas arquitectónicas do edifício, tais como a otimização da orientação, a forma do edifício, a construção da envolvente e os sistemas de janelas, etc., e a conceção alternativa correspondente foi também analisada, colocada e avaliada com base no desempenho energético e na qualidade do ambiente interior, por exemplo, as condições de iluminação interior que desempenham um papel importante no conforto e na eficiência dos residentes. O edifício alto em questão utiliza formas simétricas para a planta. A planta do edifício ao nível do rés do chão, em função do sistema fundiário, das principais infra-estruturas urbanas e do tecido urbano, tem uma forma quadrada e transforma-se gradualmente numa forma circular nos níveis superiores, o que pode proporcionar uma resistência à flexão convergente de acordo com o seu momento de inércia superficial equivalente em todas as direcções. Esta forma de edifícios altos foi criada não só devido à atenção dada à eficiência estrutural, mas também como resultado da eficiência energética. A cobertura eficiente de energia no edifício é proporcionada pela redução relativa da área das superfícies que cobrem a perda de energia e pelo aumento da luz solar e da capacidade de não aceitar calor. Em suma, a melhoria da eficiência energética de todo o edifício é um dos principais objectivos da conceção de um edifício alto e do seu projeto de investigação. Pensa-se frequentemente que os edifícios altos são instáveis, principalmente devido à grande quantidade de material necessário para a estrutura. Por um lado, a construção de edifícios altos está frequentemente associada a um elevado consumo de energia (carga energética) e, por outro lado, foram realizadas análises auxiliares para verificar a correção desta afirmação e o seu apoio numérico. Em geral, um edifício alto é considerado como o projeto de tolerância para a sua carga de gravidade, carga sísmica e carga de vento. A tecnologia de construção passiva é um elemento planeado por um arquiteto e é o primeiro passo para reduzir a energia do edifício, concentrando-se na conceção. Este estudo, centrado na avaliação do desempenho energético do Blue Star, permitirá uma melhor compreensão da conceção da energia e da eficiência energética para edifícios altos em regiões frias. Isto pode ajudar a compreender melhor a análise do consumo anual de energia no Equest e a análise da conceção no Ecotect. Além disso, espera-se que este estudo seja útil para fornecer conhecimentos valiosos necessários para os cálculos de redução de água. Além disso, o foco da investigação no cálculo dos pontos LEED, de acordo com o LEED 2009, está nas alterações da radiação solar, nas energias renováveis, nos materiais de construção e até na sua forma, a fim de melhorar o capital social dos utilizadores. De acordo com as estatísticas energéticas anuais do país, mais de um terço da energia é consumida no sector da construção. Os obstáculos à eficiência energética dos edifícios têm frequentemente origem em questões económicas e sociais. A microeconomia, o mercado da energia e a resistência à mudança de hábitos são alguns dos factores mais importantes. De acordo com as estatísticas energéticas anuais do país, mais de um terço da energia é consumida no sector da construção. Os obstáculos à eficiência energética dos edifícios têm frequentemente origem em questões económicas e sociais. A microeconomia, o mercado da energia e a resistência à mudança de hábitos são alguns dos factores mais importantes. Nesta investigação, os factores acima mencionados foram identificados através da utilização de documentos oficiais e de documentos de biblioteca e, em seguida, através de entrevistas e correspondência com peritos conhecedores dos conceitos de sustentabilidade e de arquitetura sustentável, bem como através da observação das condições reais da sociedade. Os custos adicionais associados à conceção e construção tradicionais foram documentados através de vários estudos. Numa investigação conduzida pelo CIFE Center for Integrated Facility Engineering (Centro de Engenharia Integrada de Instalações) da Universidade de Stanford, foi analisada a diferença significativa de produtividade entre diferentes indústrias ao longo do tempo. Os dados recolhidos mostram que a produtividade na indústria da construção é significativamente mais fraca em comparação com o processo de produção nas fábricas. As estatísticas também mostram uma diferença entre as actividades de construção fora do local e no local. É evidente que a construção fora do estaleiro é mais produtiva do que a construção no estaleiro. Os dados das curvas apresentados foram obtidos a partir do Recenseamento Económico dos EUA. Os valores do índice de produtividade foram calculados dividindo o valor acrescentado em dólares fixos pelo número de empregados. Entre os casos de construção fora do local que foram utilizados nesta investigação, podemos mencionar a produção de janelas e portas metálicas, vigas, produção de betão, produção de perfis de aço, produção de peças pré-fabricadas, construção de elevadores e escadas. Como se pode ver no gráfico, durante o período de 50 anos estudado nesta investigação, a produtividade das indústrias transformadoras mais do que duplicou. Entretanto, a produtividade dos trabalhos de construção em estaleiro manteve-se relativamente inalterada. De acordo com o gráfico, este sector é periodicamente afetado por recessões económicas, como a crise económica de 2008. Além disso, a construção fora do local, a maior parte da qual é considerada parte das indústrias transformadoras, mostra uma melhoria na produtividade, mas continua a ser afetada pelo clima. Economia na construção. São utilizados muitos termos para descrever a produtividade no sector da construção: Tradicionalmente, a produtividade é definida como o rácio input/output, ou seja, o rácio entre o input de um recurso e o output real (na criação de valor económico). As questões de produtividade no sector da construção podem ser divididas em dois níveis: macro e micro. Ao nível macro, trata-se de práticas de contratação, legislação laboral e organização do trabalho. Ao nível micro, estamos a lidar com a gestão e o funcionamento de um projeto, principalmente no trabalho. Duas medidas importantes de produtividade na construção, com a força de trabalho, são: - A eficácia da utilização da mão de obra no processo de aumento da produtividade da construção - A eficiência relativa de um projeto na realização do trabalho, num determinado momento e local. De acordo com as estatísticas energéticas anuais do país, mais de um terço da energia é consumida no sector da construção. Os obstáculos à eficiência energética dos edifícios têm frequentemente origem em questões económicas e sociais. A microeconomia, o mercado da energia e a resistência à mudança de hábitos são alguns dos factores mais importantes. De acordo com as estatísticas energéticas anuais do país, mais de um terço da energia é consumida no sector da construção. Os obstáculos à eficiência energética dos edifícios têm frequentemente origem em questões económicas e sociais. A microeconomia, o mercado da energia e a resistência à mudança de hábitos estão entre os factores mais importantes. O aumento da produtividade dos edifícios é melhor compreendido quando o processo de construção é visualizado como um sistema completo. Este sistema inclui um projeto de construção que inclui materiais, pessoal, equipamento, gestão e capital. Para aumentar a produtividade do edifício, podem ser considerados vários factores, incluindo a motivação, a segurança no trabalho, os factores ambientais e as limitações físicas. As práticas de gestão incluem o planeamento, a recolha de dados, a análise do trabalho e o controlo. O processo de aumento da produtividade do edifício é controlado através do aumento da eficiência da força de trabalho, gerindo as suas atitudes em relação às tarefas atribuídas e a sua capacidade de as executar. Os factores que controlam a eficiência do pessoal para aumentar a produtividade da construção incluem restrições externas, tais como regulamentos governamentais, condições meteorológicas, regras sindicais, competências ou atitudes inerentes ao trabalho e práticas de gestão. Com base na experiência adquirida em estudos, o fator-chave no processo de aumento da produtividade da construção são as práticas de gestão, que afectam a motivação do pessoal. O planeamento envolve a organização geral do trabalho e a distribuição do trabalho. Para que a comunicação contribua para o sucesso de um projeto, o trabalhador deve ser informado exatamente das tarefas que se espera dele. Por conseguinte, é necessária uma explicação clara das tarefas e das expectativas. É importante criar a atmosfera certa para motivar os trabalhadores da construção, o que é possível tendo em conta o bem-estar pessoal básico dos trabalhadores. Para além de estar alerta para reconhecer práticas injustas das regras, um gestor deve estar preparado para reconhecer e elogiar um desempenho exemplar. A recompensa pode significar um avanço na cadeia de gestão, reconhecimento social ou compensação financeira. Os factores humanos relacionados com a produtividade do edifício dividem-se em dois grupos: factores individuais, tais como caraterísticas pessoais, limitações físicas, curvas Aprendizagem, trabalho em equipa e motivação. O ambiente do trabalhador, como o clima, o espaço de trabalho e o ruído. Uma vez que o trabalho de construção requer mão de obra, os trabalhadores da construção desempenham claramente um papel importante no processo de construção. Embora os factores humanos não sejam muitas vezes considerados, afectam grandemente a produtividade na construção de edifícios e são a chave para o sucesso de qualquer projeto. O planeamento de um projeto para a utilização óptima de todas as instalações de construção leva a um aumento da produtividade da construção para todos. O grau de planeamento depende da complexidade e da dimensão da obra. Um bom plano de projeto de trabalho é o resultado de um planeamento adequado para garantir um ambiente de trabalho produtivo (independentemente da dimensão do projeto). Considerações sobre o planeamento do projeto A preparação de um ou mais planos, juntamente com o texto, deve constituir a base do plano do projeto. Um plano documental é equivalente a construir um projeto em papel. Onde os erros podem ser facilmente corrigidos e as alternativas testadas a baixo custo, resultando num aumento da produtividade da construção. Todos, desde os proprietários aos trabalhadores, beneficiam de um ambiente de construção seguro. Em termos de macro produtividade, um local de trabalho seguro é muito importante e produtivo. Facilmente, os elevados custos dos acidentes de construção justificam os custos da segurança na construção. Embora, durante muito tempo, os proprietários, gestores de construção e empreiteiros tenham salientado a obrigação moral de criar um ambiente de trabalho seguro, estes custos económicos podem não parecer convincentes, embora tenham um impacto significativo na produtividade da construção. A maioria dos acidentes na construção ocorre em períodos não laborais. Postos de trabalho desorganizados reduzem a produtividade da construção e também aumentam a probabilidade de acidentes. A gestão deve desempenhar um papel ativo na garantia da segurança. Os trabalhadores são mais eficientes quando sabem que a direção se preocupa verdadeiramente com o seu bem-estar e, em última análise, aumenta a produtividade da construção. O controlo da qualidade, a gestão dos materiais, o planeamento do projeto, a capacidade de fabrico e a gestão da mudança são os factores mais importantes relacionados com a gestão, que afectam diretamente a produtividade da indústria da construção. A qualidade da supervisão pode ser vista em termos de liderança e formação de equipas. Estas facilidades criam um ambiente positivo e produtivo para o trabalhador. Todos querem fazer parte da equipa vencedora. Obviamente, uma boa supervisão tem um impacto direto na produtividade da construção. Os trabalhadores podem ficar desmotivados por ignorância, supervisão deficiente ou ineficaz. A indústria da construção está muito atrasada em relação à indústria transformadora na aplicação dos conceitos de gestão de materiais. É uma parte importante da gestão de materiais. Os estudos demonstraram que esta parte importante inclui uma grande percentagem do projeto. Para aumentar a produtividade da construção, é necessário reduzir as horas gastas em trabalho indireto, como a espera de materiais e a movimentação de materiais. Uma boa gestão de materiais melhora a produtividade através do planeamento e do controlo, bem como da garantia de que os materiais são movimentados por pessoal qualificado. Visto e qualificado, reduz o risco. Certamente, a eficiência e a segurança da construção estão intimamente relacionadas. A capacidade de construção significa a utilização óptima dos conhecimentos e da experiência em matéria de planeamento, engenharia, aquisições e operações no terreno para atingir os objectivos gerais do projeto. Construtibilidade, eficácia da construção. aumenta Este é um fator de produtividade macro, que deve ser a mentalidade de toda a organização do projeto. É a ação da gestão (a todos os níveis) que cria esta cultura. Não se trata de uma função separada, mas de um processo contínuo. Quando são utilizados pormenores ou métodos "inteligentes", estes podem motivar os trabalhadores e aumentar a produtividade da construção. Durante a fase concetual do planeamento do projeto, devem ser determinados os objectivos do projeto, selecionados os métodos e locais básicos de construção e desenvolvida uma estratégia de contrato. Os planos gerais do projeto devem ser sensíveis à construção. Deve ser criada uma sequência de actividades em tempo real para evitar horas extraordinárias dispendiosas ou níveis elevados de ineficiência e ineficácia na indústria da construção. Uma conceção eficaz pode facilitar as actividades de construção, reduzir os custos e aumentar a produtividade do processo. Acelerar a construção. Os projectos são caracterizados por mudanças. Uma alteração resulta normalmente de uma revisão do âmbito do projeto ou dos pormenores de construção e da identificação do trabalho necessário para corrigir erros. As alterações causam perturbações e atrasos. Considere a sequência de eventos que ocorrem devido a uma mudança. O gestor do projeto é notificado da alteração. Esta informação é comunicada ao encarregado, que deve interromper o controlo ou a programação de outros trabalhos. Os trabalhadores são informados da alteração e iniciam outra atividade de trabalho. Mais tarde, quando estiverem disponíveis todos os pormenores da alteração e os materiais revistos, o trabalho recomeça. O restauro refere-se ao processo de preservação e revitalização de edifícios ou estruturas existentes com significado histórico, cultural ou arquitetónico. O principal objetivo do restauro é prolongar a vida de um edifício ou estrutura, evitando a sua deterioração, danos ou destruição. Isto implica examinar e avaliar cuidadosamente os materiais, a estrutura e o contexto histórico do edifício para determinar as formas mais adequadas e sustentáveis de o reparar ou restaurar. Como as cidades antigas cresceram e mudaram ao longo de centenas de anos - como no caso de Abu Dhabi - alguns edifícios estão imersos no contexto urbano com elevado valor histórico. Neste contexto, a reabilitação energética vai para além dos edifícios ancestrais. Um exemplo proeminente é a Biblioteca da Universidade de Graz, que envolve a renovação de um edifício do século XIX com uma extensão inovadora. Os esforços de restauro preservam o encanto histórico da biblioteca, enquanto uma impressionante plataforma de dois andares com fachada de vidro se projecta graciosamente sobre a histórica sala de leitura. Uma das caraterísticas mais notáveis desta plataforma de dois andares é o seu potencial para proporcionar cobertura às pessoas que se encontram na escadaria e na fachada histórica por baixo, graças ao cantilever. Além disso, o grafito no rodapé aumenta o impacto visual deste elemento e actua como uma ligação entre o passado e o futuro. Esta integração de elementos antigos e novos reflecte o compromisso da biblioteca para com a eficiência energética e o design arquitetónico moderno. O resultado deste projeto é uma mistura harmoniosa de contrastes, uma vez que o edifício classificado existente se integra perfeitamente com a nova construção, formando uma unidade coesa Independentemente da tipologia do edifício, esta biblioteca serve de exemplo de como as estruturas históricas podem manter as suas fachadas originais. As fachadas podem ser protegidas dos elementos através da aplicação de revestimentos hidrofóbicos, enquanto os rebocos personalizados reproduzem as texturas de acabamento originais. Além disso, no caso de extensões como a deste projeto, a integração de sistemas de fachada ventilada com painéis permite um isolamento térmico eficiente, combinando eficazmente as melhores caraterísticas de cada tipologia arquitetónica. Revisitemos então a fase de Karl Elfant. A reabilitação com eficiência energética desempenha um papel importante na melhoria da eficiência energética e na criação de edifícios sustentáveis de vários tipos. Utilizando uma gama diversificada de materiais e sistemas, esta abordagem dá prioridade a edifícios com consciência e soluções práticas que melhoram o desempenho global dos edifícios, melhorando simultaneamente o conforto. Com o objetivo de criar edifícios mais eficientes e sustentáveis do ponto de vista energético, esta abordagem procura atingir o duplo objetivo de reduzir o consumo de energia e minimizar os impactos ambientais. Não se conhecem estatísticas exactas sobre a quantidade média de consumo de energia de cada edifício ou a quantidade média de energia necessária para aquecer um metro quadrado do edifício, se é que nos países desenvolvidos estas estatísticas são completamente claras e estão disponíveis; numa situação em que não existe uma compreensão adequada da situação atual, a resolução deste problema não acontecerá de uma forma favorável. Um dos problemas que existem no domínio da otimização do consumo de energia, e em que quase todos os especialistas concordam, é a baixa eficiência dos edifícios de escritórios e residenciais. Uma das soluções disponíveis para verificar o estado de produtividade dos edifícios é a etiqueta energética dos edifícios, que é obrigatória para os edifícios dos países líderes na otimização do consumo de energia. O edifício tem uma etiqueta energética (como a etiqueta energética dos electrodomésticos) que contém toda a informação sobre o consumo de energia. O edifício está incluído: a etiqueta energética do edifício apresenta as informações relacionadas com o consumo de energia do edifício e as informações relacionadas com a emissão de poluentes no edifício. Nos últimos anos, tem havido muitas discussões sobre a implementação deste projeto no Irão, mas até agora apenas para edifícios de escritórios, que também tem sido implementado de forma limitada. O primeiro e mais importante passo é a aplicação integral do sistema de etiquetagem energética dos edifícios a todos os edifícios. Após esta fase e com uma boa compreensão da situação, será altura de tomar outras medidas, caso contrário, as soluções de implementação não funcionarão corretamente e apenas serão impostos ao país custos de implementação inúteis. Por outras palavras, a quantidade de consumo de gás doméstico no país está a aumentar a um ritmo significativo e uma grande parte desta bênção dada por Deus é desperdiçada devido ao não cumprimento das normas existentes nas unidades residenciais. Hoje em dia, em Inglaterra, devido ao facto de ser consumida muita energia nos edifícios, é particularmente importante prestar atenção à sua eficiência. Isto porque as evidências mostram que existem muitas facilidades para otimizar o consumo de energia em grandes cidades como Manchester. Facilidades como as paredes criativas, a disposição das paredes exteriores e o isolamento exterior, o isolamento térmico das janelas, a utilização da energia solar, o armazenamento do calor e a sua recuperação, bem como a utilização da luz como uma nova tecnologia. Com base nisto, neste artigo, são apresentadas sugestões para otimizar a eficiência energética dos edifícios. Além disso, são apresentadas soluções relativas à conservação de energia e ao seu aumento nos edifícios existentes no Irão, que são desenvolvidos com base em tecnologias modernas. Sem dúvida que, na construção de edifícios residenciais e públicos, devem ser tidos em conta factores como o crescimento básico dos edifícios, a conceção adequada de entradas e saídas, a melhoria do consumo de energia no sistema de ar comprimido, a utilização de sistemas de iluminação optimizados, a utilização de energias renováveis e o benefício do isolamento térmico, o que reduzirá a quantidade de resíduos e a biopoluição. - O ambiente será significativamente reduzido e os gases com efeito de estufa que atualmente ameaçam gravemente o planeta humano também serão reduzidos. Além disso, os relatórios indicam que a inovação e a modificação dos materiais que compõem as paredes exteriores dos edifícios desta cidade, em comparação com os edifícios normais, tornaram-nos mais eficientes no consumo de energia. Estas medidas fazem com que a diferença entre a temperatura interna do edifício e a temperatura exterior seja percetível e a utilização de ar condicionado seja bastante reduzida, sendo o consumo de energia reduzido para um terço. Nesta cidade, tendo em conta as normas necessárias dos engenheiros, mesmo no inverno, a temperatura interna do edifício atinge mais de 20 graus Celsius com um consumo mínimo de combustível. Atualmente, os engenheiros europeus implementaram uma tecnologia adequada no betão que poupa energia. Além disso, a tecnologia óptima no isolamento das paredes exteriores e a utilização de materiais de poliestireno dopados com grafite adequada conduziram a um melhor desempenho no isolamento térmico. Atualmente, na Europa, muitos engenheiros na construção de edifícios utilizam a tecnologia de isolamento. Utilizam janelas. A utilização de todos os tipos de cortinas, persianas e janelas com rebordos para criar sombra mantém a temperatura adequada do interior do edifício. Além disso, a utilização de janelas de três camadas e a libertação de gás árgon entre as camadas de vidro são factores importantes. Este fator é considerado importante para manter a energia do edifício. Ao mesmo tempo, a utilização de cortinas ajustáveis, para que possamos tirar o máximo partido da sua luz, mantendo-nos a salvo do brilho do sol, é outro método novo que os engenheiros europeus utilizam. As células fotovoltaicas com ventilação e válvula automática no edifício, para além de proporcionarem condições favoráveis à utilização da energia solar no aquecimento do edifício, fazem com que o calor no interior se propague menos para o exterior. Outra nova tecnologia que está atualmente a ser utilizada na Europa é a tecnologia de armazenamento de calor em edifícios. A Alemanha vai implementar novos programas de construção em edifícios com uma abordagem de eficiência energética até 2020. A abordagem de eficiência energética na construção significa investimento para garantir o futuro e a independência face ao aumento dos custos da energia. A proteção dos recursos para as gerações futuras e a poupança de custos energéticos são, à primeira vista, as únicas razões principais para construir com eficiência energética. A forma arquitetónica dos edifícios altos é um tópico importante nas análises relacionadas com o aumento da produtividade. Tem-se tentado sempre conceber uma forma para edifícios altos que tenha a maior eficiência energética. Um processo essencial para atualizar os edifícios existentes, a fim de minimizar o seu impacto ambiental e maximizar a eficiência energética. As reabilitações sustentáveis incluem renovações amigas do ambiente e actualizações de poupança de energia que reduzem e compensam as emissões de carbono. Alterações climáticas. Vamos analisar em pormenor o que é a reabilitação sustentável, como funciona e os benefícios que oferece. A adaptação sustentável actualiza os edifícios existentes para melhorar a eficiência energética. Isto inclui renovações amigas do ambiente e actualizações rentáveis. É a poupança de energia que reduz as emissões de carbono e combate as alterações climáticas. Muitos dos edifícios actuais não foram concebidos tendo em conta a eficiência energética, pelo que a sua reabilitação constitui uma oportunidade para reduzir significativamente o consumo de energia e as emissões de gases com efeito de estufa associadas. O principal objetivo da reabilitação sustentável é reduzir a pegada de carbono dos edifícios e diminuir os seus custos energéticos. Este processo também resulta em ambientes interiores saudáveis e confortáveis que melhoram a qualidade de vida em geral. Com a reabilitação sustentável, os proprietários dos edifícios podem beneficiar de um aumento do valor das propriedades e de uma redução dos custos de manutenção a longo prazo. Estudos demonstraram que os projectos de renovação de edifícios ecológicos proporcionam um maior retorno do investimento em comparação com os métodos de renovação tradicionais. As renovações energeticamente eficientes melhoram o desempenho do edifício, fazendo-o consumir menos energia e reduzindo as suas emissões de carbono. Isto pode ser conseguido através de várias medidas, como a atualização do isolamento, das janelas, das portas e do telhado. Instalação de sistemas de iluminação, aquecimento, ventilação e ar condicionado (AVAC) de baixo consumo energético; utilização de materiais e práticas de construção sustentáveis; e incorporação de tecnologias de energias renováveis, como painéis solares e turbinas eólicas. As reabilitações energéticas podem reduzir o consumo de energia de um edifício até 55%, o que significa poupanças de custos significativas e benefícios ambientais. Podemos criar edifícios eficientes do ponto de vista energético que são melhores para o ambiente, mais confortáveis para os ocupantes e mais económicos em termos de funcionamento. A reabilitação sustentável transforma os edifícios existentes em espaços modernos, amigos do ambiente e sustentáveis. A reabilitação sustentável envolve um processo passo a passo que começa com uma avaliação do estado atual do edifício, dos padrões de consumo de energia e do potencial de melhoria. Este processo é fundamental para o desenvolvimento de um plano de reabilitação abrangente que se alinhe com as necessidades e objectivos únicos de um edifício. À medida que os proprietários e gestores de edifícios iniciam o seu percurso de reabilitação sustentável, é importante trabalhar com especialistas em construção sustentável e nas melhores práticas de construção ecológica. Seguindo um processo de reabilitação abrangente e incorporando actualizações e materiais amigos do ambiente, os proprietários de edifícios podem conseguir poupanças de energia significativas e reduzir a sua pegada de carbono. A resiliência é sustentável. Atualizar o seu edifício com tecnologias modernas pode reduzir significativamente o consumo de energia, reduzir as emissões de carbono e diminuir as contas de serviços públicos. Eis alguns exemplos de actualizações de poupança de energia que podem ser implementadas durante um projeto de reabilitação sustentável: O investimento em actualizações de poupança de energia não só beneficia o ambiente, como também compensa financeiramente a longo prazo. Ao reduzir o consumo de energia, pode diminuir significativamente as suas facturas de serviços públicos e aumentar o valor da sua propriedade. Além disso, a modernização sustentável pode contribuir para um futuro mais resistente e sustentável e criar um mundo melhor para as gerações futuras. A incorporação de materiais amigos do ambiente é um aspeto fundamental dos projectos de reabilitação sustentável. A utilização de materiais de construção sustentáveis contribui para um ambiente interior mais saudável, reduz o impacto ambiental dos projectos de construção e apoia a economia circular. Se tivermos uma visão geral da indústria da construção, deparar-nos-emos com muitos pontos fracos, cuja melhoria conduzirá à melhoria qualitativa e quantitativa dos produtos desta indústria. Nos últimos anos, surgiram novas tecnologias que trouxeram a promessa de aumentar a eficiência, reduzir custos e aumentar a produção para o sector da construção; a Modelação da Informação da Construção (BIM) é uma das mais importantes destas tecnologias. A viga é considerada uma tecnologia relativamente nova no sector da construção. Na sequência do aumento constante do preço dos portadores de energia no mundo e dos efeitos ambientais destrutivos causados pelo aumento da produção de energia, uma das soluções práticas para aumentar a eficiência energética dos edifícios é o isolamento térmico das paredes exteriores do edifício. energia no mundo e dos efeitos ambientais destrutivos causados pelo aumento da produção de energia, uma das soluções práticas para aumentar a eficiência energética dos edifícios é o isolamento térmico das paredes exteriores do edifício. Relativamente ao aumento da eficiência energética num complexo residencial, foi investigado, juntamente com a análise do movimento do ponto de congelação na estrutura da parede exterior do edifício, enquanto a superfície exterior da parede é isolada. Aumentar a eficiência energética dos edifícios através do isolamento térmico é o título do artigo As questões ambientais actuais exigem uma investigação aprofundada sobre a eficiência energética e o armazenamento de energia nos edifícios, a fim de reduzir o consumo de combustíveis convencionais e a produção de CO2, que provoca o efeito de estufa. Por isso, as instituições da União Europeia que trabalham no domínio da energia recomendam o aumento da produção de energias renováveis e a redução dos gases com efeito de estufa. Num edifício, a quantidade de energia que é medida por metro quadrado da área do edifício é designada por eficiência energética, e o critério de consumo de energia para um determinado tipo de edifício, de acordo com o tipo de arquitetura e o equipamento mecânico e elétrico utilizado nas suas instalações, nas condições da água e do ar definido, é dado aos engenheiros de construção e aos operadores de instalações eléctricas e mecânicas. Os governos são obrigados a fornecer energia segura no sentido do crescimento económico. Em muitos países em desenvolvimento, há muito pouca diferença entre a fonte de abastecimento de eletricidade e a procura de consumo de eletricidade. medida que o consumo de eletricidade dos consumidores aumenta, as novas comunicações e a nova produção têm de utilizar um método fiável para satisfazer a procura crescente. Além disso, devido à alteração dos padrões climáticos e ao aumento do risco de seca, os países que dependem fortemente da energia hidroelétrica como principal fonte de produção de eletricidade perderam grande parte da sua capacidade de produção em resultado do racionamento. As necessidades brutas de energia do edifício representam as necessidades previstas de aquecimento, iluminação, refrigeração, ar condicionado e humidificação. A temperatura necessária do ambiente no interior do edifício, as condições climatéricas no exterior do edifício e as caraterísticas do edifício (transferência de calor à superfície e transferência de calor devido à penetração do ar) são os parâmetros que determinam as necessidades brutas de energia do edifício. A energia natural inclui o calor solar, o arrefecimento torna-se inativo, o fluxo de ventilação natural e a luz do dia. A maximização inteligente da quantidade de energia natural absorvida pelo edifício pode levar a uma redução significativa da energia necessária para satisfazer as necessidades do edifício. Os edifícios ecológicos, para além de minimizarem o desperdício de energia, também fazem uma utilização inteligente dos recursos energéticos. A energia natural absorvida pelo edifício pode ser maximizada explorando o potencial de desempenho de um edifício em função da sua localização e do ambiente circundante através dos seguintes métodos Mapa do edifício, que identifica os locais onde as necessidades energéticas do edifício podem ser minimizadas. A conceção do edifício de forma a utilizar a luz do dia e a ventilação natural para reduzir as perdas de calor com esta abordagem. O edifício deve ser concebido de forma a permitir a utilização da luz solar, evitando a entrada direta da luz solar no edifício e o calor excessivo do ambiente. Isolamento térmico e prevenção da penetração indesejada de ar através da cobertura do edifício. É preferível que os pontos mencionados sejam realizados na fase de conceção do edifício e das instalações eléctricas e mecânicas do edifício, caso contrário, podem ser realizados durante a fase de renovação. Eficiência energética - calor interno obtido. O calor interno é a energia térmica que é adicionada ao ambiente no interior do edifício através das pessoas, da iluminação e dos electrodomésticos. É desejável porque, em tempo frio, o aquecimento interior reduz a energia necessária para aquecer o edifício, mas em tempo quente aumenta a energia necessária para arrefecer o edifício. Em edifícios de escritórios, lojas comerciais, centros comerciais, salas de espectáculos, etc., o calor produzido pelo equipamento ou pela iluminação artificial causa o problema do sobreaquecimento no interior dos edifícios durante a época de verão. Quando o número de residentes ou clientes aumenta, o calor do seu metabolismo corporal torna o ambiente no interior do edifício mais quente. A energia fornecida é a quantidade de energia necessária para satisfazer as necessidades líquidas de energia de um edifício, como o aquecimento, a refrigeração, a ventilação, a água quente e a iluminação. A energia fornecida é normalmente expressa em quilowatts-hora e é fornecida por gás, petróleo ou combustíveis eléctricos. Além disso, em edifícios novos com alta tecnologia, a energia fornecida pelo edifício pode ser fornecida por energias renováveis e por painéis solares, aquecedores de água solares ou eólicos. Quando se discute a questão da eficiência energética nos edifícios, o principal foco é a energia utilizada para atingir os padrões de temperatura desejados no ambiente interior, e a quantidade de energia que um edifício necessita para atingir o padrão desejado depende das caraterísticas do edifício. Para além das informações sobre o desempenho energético do edifício, o certificado pode incluir uma vasta gama de informações, como a temperatura interior predominante e outros factores climáticos relacionados com o edifício. A fim de facilitar a comparação entre edifícios, o certificado de desempenho energético deve incluir valores de referência, como normas legais comuns, critérios e recomendações, para que se possa melhorar o desempenho energético do edifício. Para complementar a certificação, em alguns países europeus, é necessária uma inspeção regular. É feita a partir dos sistemas de aquecimento e de ar condicionado para fazer uma boa avaliação da eficiência necessária em termos de aquecimento e arrefecimento. Slogans como edifícios de alta eficiência energética ou edifícios de baixa energia são incorretamente aplicados a novos edifícios que apenas cumprem as normas mínimas de energia. No entanto, quando os compradores estão satisfeitos com um edifício que se presume ser produtivo e eficiente, é pouco provável que façam algo mais para aumentar a sua produtividade. Na mesma direção e para evitar este erro, é melhor que os proprietários, construtores e todos os envolvidos na área da construção deixem este importante assunto para empresas e especialistas competentes desde o início, para que os aproveitadores não troçam das crenças dos compradores. Em primeiro lugar, é preciso começar pelo básico e ter cuidado na preparação do equipamento eletrónico. Os equipamentos eléctricos e electrónicos adquiridos devem ser preparados de acordo com as normas de proteção ambiental. Os equipamentos que não são concebidos corretamente e que não são produzidos de acordo com as normas de consumo de energia, provocam desperdício de energia, pelo que, todos os anos, aproximadamente a capacidade de produção anual de 12 centrais eléctricas é desperdiçada neste sector. Por este motivo, numa primeira fase, deve adquirir equipamento eletrónico normalizado. De acordo com estudos recentes do Engineering Consulting Journal. O controlo de sistemas electrónicos integrados, que são compostos por grandes e pequenos sistemas, é uma tarefa muito complexa, com os avanços que a tecnologia de controlo tem feito, tem sido possível controlar vários equipamentos e componentes com uma estratégia mais eficaz. A implementação destes sistemas de controlo em equipamentos electrónicos reduz o desperdício e a gestão de energia. Hoje em dia, em edifícios avançados, com designs excepcionais, estes sistemas de controlo foram implementados com sucesso. Por conseguinte, na segunda etapa, é preferível utilizar sistemas de controlo. Substitua os sistemas de iluminação antigos e desgastados dos seus edifícios, que têm elevadas perdas de energia, por equipamento de iluminação moderno, como por exemplo: Luzes LED. Porque a utilização de novas tecnologias tem um impacto significativo na melhoria do consumo de energia. Para além de poupar, esta substituição torna o ambiente melhor e mais bonito e aumenta a satisfação das pessoas no edifício. A energia solar está amplamente disponível, a nova geração de células solares afecta diretamente a indústria e a economia, porque pode gastar parte dos custos de energia na substituição dos sistemas de iluminação eléctrica por células solares e depois utilizar a energia solar gratuita sem causar qualquer poluição ambiental. O aumento da velocidade de construção, a redução do peso da estrutura, o aumento da segurança contra acidentes e sismos, a melhor e mais optimizada utilização dos materiais, a preservação do capital nacional e da energia são algumas das conquistas da industrialização a que não se presta atenção. O aumento dos poluentes atmosféricos e o aquecimento global estão intimamente ligados. De várias convenções mundiais a várias conferências nacionais e internacionais, a questão da energia e da redução dos poluentes atmosféricos tornou-se um tema da atualidade e um assunto de destaque em vários círculos políticos, económicos, sociais e científicos. O desenvolvimento do design arquitetónico está intimamente relacionado com a tecnologia informática. Com o crescimento da economia do meu país e o rápido desenvolvimento da tecnologia informática na urbanização, a tecnologia da inteligência artificial proporcionou novos métodos de investigação para a indústria da construção. Atualmente, a indústria da construção do meu país está em expansão e o consumo de energia dos edifícios também está a aumentar rapidamente. Para orientar a indústria da construção no sentido do desenvolvimento da eficiência energética e da ecologia, várias empresas de construção estão a desenvolver ativamente tecnologias de eficiência energética dos edifícios. Enquanto tecnologia emergente na indústria da construção, a tecnologia BIM tem um impacto importante na definição de parâmetros, no controlo de custos, na cooperação profissional e na gestão da informação na engenharia da construção. O BIM e a inteligência artificial na conceção de edifícios energeticamente eficientes proporcionam o valor de uma tecnologia de referência inovadora para o pessoal relevante do sector. Na era das alterações climáticas e da diminuição dos recursos naturais, tornar os edifícios existentes sustentáveis e energeticamente eficientes não só é possível, como necessário, quer sejam modernos, tradicionais ou vernáculos. O termo "reabilitação" é utilizado em sentido lato para descrever uma série de melhorias num edifício existente, a fim de garantir que o edifício seja reativo, resistente e bem adaptado às alterações climáticas. Os projectos de reabilitação bem sucedidos têm em conta o contexto, a história e os habitantes do edifício. Soluções abrangentes e equilibradas poupam energia, mantendo um ambiente interior confortável e saudável. Para os edifícios modernos, surgem alguns desafios, especialmente no que diz respeito à manutenção da identidade arquitetónica da estrutura. A falta de diretrizes gerais nas políticas públicas ou na literatura especializada aumenta esta complexidade. Por exemplo, uma das caraterísticas mais distintivas da arquitetura modernista é frequentemente vista como um obstáculo significativo à eficiência energética: grandes extensões de vidro. Os arquitectos dessa época procuravam incorporar o máximo de vidro possível nos seus edifícios para maximizar a luz natural. Além disso, dada a planta aberta, pretendiam desmaterializar as paredes exteriores e torná-las tão finas quanto possível. No entanto, estas caraterísticas deveriam proporcionar uma maior proteção térmica e conduzir a perdas de energia significativas. Perante este paradoxo, alguns estudos centraram-se na criação de diretrizes para a adaptação da arquitetura modernista às condições actuais. Estes estudos mostram que as emissões de CO_2 podem ser reduzidas em mais de 55% através da adaptação das envolventes dos edifícios e da aplicação de tecnologias existentes e comprovadas. Estas incluem a recuperação de energia (embora não recomendada para edifícios históricos), a combinação de fontes de energia renováveis (como bombas de calor que extraem calor do solo) e a energia fotovoltaica. Por exemplo, uma das caraterísticas mais distintivas da arquitetura modernista é frequentemente vista como um obstáculo significativo à eficiência energética: grandes extensões de vidro. Os arquitectos dessa época procuravam incorporar o máximo de vidro possível nos seus edifícios para maximizar a luz natural. Além disso, dada a planta aberta, pretendiam desmaterializar as paredes exteriores e torná-las tão finas quanto possível. No entanto, estas caraterísticas deveriam proporcionar uma maior proteção térmica e conduzir a perdas de energia significativas. Perante este paradoxo, alguns estudos centraram-se na criação de diretrizes para a adaptação da arquitetura modernista às condições actuais. Estes estudos mostram que as emissões de CO_2 podem ser reduzidas em mais de 55% através da adaptação das envolventes dos edifícios e da aplicação de tecnologias existentes e comprovadas. Estas incluem a recuperação de energia (embora não recomendada para edifícios históricos), a combinação de fontes de energia renováveis (como bombas de calor que extraem calor do solo) e a energia fotovoltaica. Independentemente das soluções encontradas, é importante sublinhar que, se este processo não for iniciado com uma cuidadosa consideração da forma, dos materiais e de outras qualidades arquitectónicas do edifício, pode causar danos significativos ao património histórico em nome da melhoria energética. Neste contexto, o objetivo deve ser o de permitir que os edifícios atinjam o melhor desempenho possível, em vez de lhes impor normas do século XXI. Um exemplo de sucesso é a renovação de um complexo modernista de quinze andares e três blocos no bairro Grand Parc de Bordéus. Anne Lacaton e Jean-Philippe Vassal, galardoados com o Prémio Pritzker, fizeram o restauro. Seguindo o lema dos arquitectos, "nunca destruir, nunca remover ou substituir, sempre acrescentar, mudar e reutilizar", o projeto envolveu um processo meticuloso de renovação e melhoria de caraterísticas-chave do design original. O desempenho energético global do edifício também foi melhorado, principalmente através da adição de varandas e de um novo sistema de isolamento térmico para a fachada. De acordo com a lei de alteração do padrão de consumo de energia, o governo é obrigado a tomar medidas para poupar dinheiro, preparando e compilando normas e especificações técnicas relacionadas com o consumo de energia, construindo uma etiqueta energética que indique o nível de eficiência energética em edifícios residenciais e não residenciais. Etiqueta energética dos edifícios com base na informação Fornecimento, classificação da energia, equipamento do edifício, que é calculada com base na quantidade de consumo de energia, na quantidade de consumo anual num determinado período e no tipo de clima e do utilizador dos edifícios. Conceber e impor a etiqueta energética, como documento que indica a quantidade de consumo de energia do edifício. De acordo com as especificações estruturais, é considerado um passo importante na direção da gestão do consumo de energia no sector da construção. Com base nisto, é necessário que o município emita a licença de conclusão para os novos edifícios, desde que tenham uma etiqueta energética. A forma arquitetónica dos edifícios altos é considerada uma questão importante nas análises relacionadas com o aumento da produtividade. Sempre se tentou conceber uma forma para edifícios altos que tivesse a maior eficiência energética, daí a investigação atual, ao calcular o ângulo da luz solar no verão e no inverno e a quantidade da sua rotação no plano e na secção, a forma óptima Obtém-se uma espécie que tem a maior área virada para o sol na estação do inverno e a menor área virada para o sol na estação do verão. Os novos métodos de consumo de energia nos edifícios são realizados através da utilização de tecnologias avançadas e da otimização dos sistemas energéticos. O Grupo de Produção Industrial Mehradovin utiliza várias soluções para a eficiência energética com o objetivo de reduzir o consumo de energia e diminuir os impactos ambientais. Para implementar mudanças em edifícios antigos, os sistemas devem ser concebidos de forma a serem compatíveis com as necessidades do edifício e ajudar a otimizar o consumo de energia. No artigo que se segue, vamos analisar os tipos de novos métodos de consumo de energia nos edifícios. Ao utilizá-los, pode dar um grande contributo para a redução do consumo de energia e para a preservação do ambiente. Sistemas de ar condicionado inteligentes, em que a temperatura do edifício se encontra num determinado intervalo. Estes sistemas podem ajudar a reduzir o consumo de energia, ajustando a temperatura do edifício de uma forma compatível com as necessidades dos ocupantes do edifício. A instalação de janelas com vidros duplos é conhecida como uma forma eficiente de reduzir os custos de energia nos edifícios. No entanto, para obter a máxima eficiência, é necessário instalar janelas de vidro duplo de alta qualidade e preencher corretamente o espaço entre os dois vidros. Além disso, para evitar fissuras e fugas, as janelas devem ser instaladas por um técnico especializado. A utilização de isolamento térmico para reduzir a transferência de calor é um método importante na indústria e nos edifícios residenciais. Estes isolamentos são cobertos como uma camada protetora nas superfícies das paredes, do teto e do chão e impedem a transferência de calor do interior para o exterior. Existem diferentes tipos de isolamento térmico, incluindo espuma, isolamento duro, isolamento em concha e isolamento especial (como o isolamento térmico em vidro). É muito importante escolher o tipo correto de isolamento térmico em função das necessidades do edifício e das suas condições ambientais. A utilização de fontes de energia renováveis, como um método sustentável para satisfazer as necessidades energéticas, tem sido muito considerada nos últimos anos. A utilização de fontes de energia renováveis tem duas vantagens importantes. A primeira vantagem é a ausência de produção de gases com efeito de estufa, que é o resultado do metabolismo e da utilização de fontes de energia fósseis. A segunda vantagem é a poupança de custos energéticos. Em muitos casos, a utilização de fontes de energia renováveis é mais barata do que as fontes de energia fósseis. Atualmente, existem várias tecnologias para a produção de energia a partir de fontes renováveis. A utilização de fontes de energia renováveis tornar-se-á mais importante como solução sustentável no futuro. A iluminação, como um dos factores importantes no embelezamento dos edifícios, pode ser eficaz na poupança e redução dos custos de energia. A utilização de cores claras nas paredes e nos tectos pode aumentar a reflexão da luz no edifício e reduzir a necessidade de mais iluminação. Para otimizar o sistema de iluminação, é necessário examinar primeiro as necessidades de iluminação e procurar soluções para melhorar a eficiência e reduzir o consumo de energia. Por exemplo, a utilização de lâmpadas LED tem uma vida útil mais longa e consome menos energia do que as lâmpadas fluorescentes e de halogéneo. Além disso, a utilização de sistemas inteligentes de controlo da iluminação pode reduzir o consumo de energia. A utilização de sistemas de aquecimento e arrefecimento de elevada eficiência pode ajudar a reduzir o consumo de energia. Além disso, a utilização de sistemas de ar condicionado de elevada eficiência pode ser eficaz na redução do consumo de energia e dos custos conexos. A conceção de um edifício com uma arquitetura leve e uma utilização adequada também pode ajudar a reduzir o consumo de energia. A conceção do edifício com recurso à luz natural, a otimização dos espaços interiores e exteriores e a utilização de materiais de isolamento térmico podem ajudar a reduzir o consumo de energia e os custos associados. A utilização de sistemas inteligentes capazes de controlar e gerir o consumo de energia no edifício. Pode ajudar a reduzir o consumo de energia. Estes sistemas podem reduzir o consumo de energia através do controlo e gestão optimizados dos sistemas de ar condicionado, iluminação, aquecimento e arrefecimento. Estes sistemas recolhem a energia térmica produzida pelos aparelhos electrónicos e industriais através de um permutador de calor. São recolhidas e armazenadas no edifício para reutilização. Nos edifícios de escritórios e comerciais, os dispositivos electrónicos, como computadores, impressoras e servidores, consomem muita energia e geram muito calor. Ao utilizar um sistema de acumulação de calor, este calor pode ser recolhido e utilizado como fonte de calor no edifício. A utilização de lâmpadas LED em vez de lâmpadas fluorescentes pode ajudar a reduzir o consumo de energia. As lâmpadas LED com menor consumo de energia e maior duração podem ajudar a reduzir os custos relacionados com a iluminação do edifício. Para utilizar novos métodos de consumo de energia nos edifícios, é preferível que as alterações necessárias sejam efectuadas por uma equipa de peritos. A equipa técnica da Mehradvin Engineering oferece-lhe a melhor solução para melhorar a eficiência energética do edifício através da realização de investigações detalhadas e das avaliações necessárias. É de notar que a implementação de alterações em edifícios antigos exige longos períodos de tempo e este processo pode ser dispendioso. No entanto, devido à redução do consumo de energia, estes custos são compensados a longo prazo. As estruturas de aço leve (LSF), como um novo método de construção amplamente utilizado na indústria da construção, devido às suas caraterísticas únicas, tais como menor peso, maior velocidade de construção, redução de custos e maior flexibilidade, têm sido amplamente utilizadas na construção de vários edifícios. No entanto, para melhorar o desempenho destas estruturas, para além do cumprimento das normas e diretrizes relacionadas, deve ser dada especial atenção à otimização da sua eficiência energética e desempenho térmico. Melhorar a utilização de fontes de energia renováveis, como a energia solar térmica, e reduzir a procura de energia. Durante as várias fases do ciclo de vida dos edifícios, é necessário avançar para um ambiente construído mais sustentável. Apresenta uma panorâmica das principais caraterísticas da construção em aço leve (LSF) com elementos enformados a frio, na perspetiva do consumo de energia ao longo do ciclo de vida. São descritos os principais sistemas de LSF e apresentadas algumas estratégias para reduzir as pontes térmicas e melhorar a resistência térmica dos elementos de revestimento de LSF. é São discutidas várias estratégias activas para aumentar a capacidade de armazenamento térmico das soluções de LSF, sendo dada especial atenção à inclusão de materiais de mudança de fase (PCM). Estes materiais podem ser utilizados para melhorar o conforto térmico interior, reduzir a necessidade de energia para o ar condicionado e o funcionamento. Utilizar a energia solar térmica. É também discutida a importância dos métodos de simulação dinâmicos e gerais para avaliar a procura de energia para aquecimento e arrefecimento na fase operacional dos edifícios LSF. Finalmente, a avaliação do ciclo de vida (ACV) e o desempenho ambiental da construção LSF são revistos para discutir a principal contribuição deste tipo de construção para edifícios mais sustentáveis. É igualmente sublinhada a importância da aplicação de requisitos de poupança de energia para os novos edifícios e para as obras de reabilitação, bem como a necessidade de utilizar tecnologias de elevado desempenho nas envolventes dos edifícios e nos sistemas de aquecimento/arrefecimento. Neste contexto, a redução do impacto ambiental do ambiente construído e a melhoria da eficiência energética dos edifícios durante o seu ciclo de vida é um importante objetivo global da política energética. E desafia a comunidade de investigação a desenvolver novos produtos e técnicas de construção de elevado desempenho e a lançar novos métodos para avaliar a procura de energia dos edifícios. Durante cada fase do seu ciclo de vida, e a desenvolver novos desenvolvimentos técnicos para melhorar a utilização de fontes de energia renováveis, como a energia solar térmica. Este documento reúne a investigação existente sobre a avaliação da eficiência energética e do desempenho térmico de estruturas de aço leve (LSF) com elementos formados a frio para fornecer uma visão geral de como esta tipologia de edifícios pode contribuir para um ambiente construído. De facto, esta revisão tem como objetivo apontar as principais vantagens e desvantagens desta construção LSF ou lightweight steel framing. Este documento também tem como objetivo fornecer uma visão geral de como a construção em LSF pode contribuir para uma utilização mais sustentável da energia durante várias fases da vida de um edifício e como algumas tecnologias podem ser utilizadas para melhorar o desempenho térmico dos edifícios em LSF e, ao mesmo tempo, fornece. A construção LSF tem recebido atenção mundial para a utilização da energia solar térmica, e a sua popularidade para utilização em casas residenciais e blocos de apartamentos está a aumentar, Veljkovic et al. Johansson também observou que os edifícios LSF são amplamente utilizados nos Estados Unidos, Austrália e Japão, e estão a ganhar terreno na Europa. Uma descrição geral da construção em LSF para edifícios comerciais de baixa altura e edifícios residenciais de média e alta altura pode ser encontrada na ref. Johansson. A par de uma extensa revisão das principais vantagens deste tipo de construção. Como sugerido por vários autores, a construção LSF tem certas vantagens sobre a construção pesada, tais como peso leve com alta resistência mecânica. Acelerar a construção e reduzir as perturbações no local; Grande potencial de reciclagem e reutilização; Elevada flexibilidade da arquitetura para fins de adaptação; A facilidade de pré-fabricação permite a construção modular, adequada à economia de produção em massa. Economia no transporte e manuseamento; Qualidade superior, tolerâncias precisas e elevados padrões alcançados pelo controlo de produção fora do local. Excelente estabilidade de forma na presença de humidade; e resistência a danos causados por insectos. No entanto, a elevada condutividade térmica dos elementos de aço pode resultar em pontes térmicas significativas. A construção em LSF pode também apresentar uma massa térmica mais baixa, o que pode ser problemático em algumas situações e levar a vários problemas relacionados com o conforto (como o sobreaquecimento), maiores flutuações de temperatura e maior necessidade de energia para aquecimento e arrefecimento. Na primeira parte deste artigo, são apresentados e classificados vários sistemas LSF, e são listados alguns materiais, opções de construção/design e métodos de enquadramento para fornecer uma visão geral deste tipo de construção. São discutidas algumas estratégias para reduzir as pontes térmicas e para melhorar a resistência térmica das soluções de revestimento LSF. São também apresentadas várias estratégias para aumentar a capacidade de armazenamento térmico dos elementos de LSF, e é dada especial atenção à composição dos PCMs nos sistemas de LSF. Hoje em dia, sabe-se que a utilização de sistemas adequados de armazenamento de energia térmica (TES) com PCMs tem um elevado potencial de conservação de energia no sector da construção. O consumo de energia para aquecimento, arrefecimento e conforto térmico de edifícios LSF durante a sua fase operacional. Também é discutido e são apresentados alguns métodos para avaliar o desempenho térmico dos edifícios. Um sistema de construção de edifícios constituído por materiais secos, principalmente para edifícios residenciais de baixa altura. Este sistema de construção a seco pode ser caracterizado por três materiais principais utilizados em paredes e lajes: perfis de aço frio para suporte de carga, painéis de revestimento (por exemplo, painéis de partículas orientadas (OSB) e placas de gesso cartonado) e materiais isolantes (como lã mineral e poliestireno expandido). São necessários mais materiais para a colagem e fixação (por exemplo, o desempenho térmico da construção LSF. Neste artigo, o desempenho térmico refere-se à forma como um edifício reage às Alterações no ambiente exterior referem-se à manutenção das condições de conforto térmico no interior do edifício. Estas condições devem ser alcançadas com uma necessidade mínima de energia para aquecimento e arrefecimento. A eficiência energética de um edifício significa utilizar menos energia para proporcionar as mesmas condições térmicas no interior do edifício. Neste contexto, o desempenho térmico da construção LSF pode ser alcançado através da redução das pontes térmicas e do desempenho ambiental do ciclo de vida. Os autores referiram também a importância da construção em aço enformado a frio. Atualmente, o desempenho ambiental das estruturas de aço leve pode ser avaliado através da análise do ciclo de vida, que abrange todas as fases, desde a produção do material até ao fim de vida e à reciclagem. Em geral, o resultado deste documento apresenta as principais vantagens e desvantagens da construção em LSF em termos de eficiência energética e desempenho térmico dos edifícios. Além disso, foram identificadas algumas lacunas de investigação que fornecem direcções para investigação futura. Os principais tópicos de investigação para melhorar o desempenho térmico da construção em LSF estão relacionados com o seguinte: o desenvolvimento de estratégias individuais e combinadas para reduzir as pontes térmicas e melhorar a resistência térmica dos elementos de revestimento em LSF. A melhoria do consumo de energia foi uma das principais abordagens do Ministério das Estradas e do Desenvolvimento Urbano no âmbito da produtividade, do desenvolvimento humano e estrutural do 11º governo. Naturalmente, a otimização do consumo de energia era esperada em todas as áreas da habitação e do desenvolvimento urbano, bem como dos transportes. No sector da habitação, através do desenvolvimento de um programa para melhorar a produtividade dos factores de produção no sector da habitação e a eficiência energética, reduzir o custo da construção; aumentar a vida útil através da utilização de novas tecnologias e da revisão. Este programa foi inscrito nos regulamentos de construção e foram envidados esforços para a sua aplicação. Para reduzir a emissão de CO_2 na arquitetura dos edifícios e na construção, é necessário ter estratégias eficazes para produzir materiais adequados e otimizar o ciclo de vida dos edifícios, bem como o consumo de energia. Em países como os Estados Unidos, aproximadamente 50% do consumo de energia no sector residencial é dedicado ao aquecimento e arrefecimento do espaço, pelo que prestar atenção à conceção eficiente do edifício, especialmente da fachada do edifício, é um ponto essencial. Para atingir este objetivo, estão a ser implementadas políticas que promovem um modelo mais sustentável. Neste novo modelo, os certificados de sustentabilidade dos edifícios fornecem um quadro para medir e avaliar os recursos consumidos. Uma cortina bem concebida não só isola as janelas e torna o edifício energeticamente eficiente, como também, ao regular a temperatura e a radiação da luz natural que entra no edifício, afecta a uniformidade e a agradabilidade do calor e o ajuste da luz nos espaços interiores. Para além disso, dependendo dos materiais utilizados na sua construção, as cortinas podem ajudar a uniformizar a luz e o calor do edifício, pelo que serão um item eficaz na avaliação da pegada de carbono e do seu impacto ambiental. Implementação de ideias inovadoras e criativas no design das cortinas. Tais como sistemas automáticos que respondem às condições ambientais, aumentam o valor deste item e tornam o design do seu edifício mais inovador. Estas caraterísticas fazem das cortinas um artigo essencial para evitar o sobreaquecimento dos ambientes interiores e reduzir a intensidade do sol que entra em casa, reduzindo assim a energia necessária para o equilíbrio térmico do edifício. As cortinas com sistema de rolo e pregas são opções com várias camadas que têm um maior efeito no controlo da luz e do calor nos edifícios, por terem mais camadas do que outros tipos de cortinas. Para reduzir a emissão de CO_2 na arquitetura dos edifícios e na construção, é necessário ter estratégias eficazes para produzir materiais adequados e otimizar o ciclo de vida dos edifícios, bem como o consumo de energia. Em países como os Estados Unidos, cerca de 50% do consumo de energia no sector residencial é dedicado ao aquecimento e arrefecimento do espaço, pelo que prestar atenção à conceção eficiente do edifício, especialmente da fachada do edifício, é um ponto essencial. Para atingir este objetivo, estão a ser implementadas políticas que promovem um modelo mais sustentável. Neste novo modelo, os certificados de sustentabilidade dos edifícios fornecem um quadro para medir e avaliar os recursos consumidos. Uma cortina bem concebida não só isola as janelas e torna o edifício energeticamente eficiente, como também regula a temperatura e a radiação da luz natural que entra no edifício, afectando também a uniformidade e a agradabilidade do calor e o ajuste da luz nos espaços interiores. Para além disso, dependendo dos materiais utilizados na sua construção, as cortinas podem ajudar a uniformizar a luz e o calor do edifício, pelo que serão um item eficaz na avaliação da pegada de carbono e do seu impacto ambiental. Implementação de ideias inovadoras e criativas no design das cortinas. Tais como sistemas automáticos que respondem às condições ambientais, aumentam o valor deste item e tornam o design do seu edifício mais inovador. Estas caraterísticas fazem das cortinas um artigo essencial para evitar o sobreaquecimento dos ambientes interiores e reduzir a intensidade do sol que entra em casa, reduzindo assim a energia necessária para o equilíbrio térmico do edifício. As cortinas com sistema de rolo e pregas são opções com várias camadas que têm um maior efeito no controlo da luz e do calor dos edifícios por terem mais camadas do que outros tipos de cortinas. Atualmente, como mostra o mapa abaixo, vários países têm pelo menos um programa de certificação a nível nacional. O elevado número destes programas demonstra uma abordagem abrangente às construções que utilizam métodos sustentáveis e modernos para aumentar a vida útil dos seus edifícios. A utilização de cortinas em edifícios não só traz beleza e eficiência, como também pode desempenhar um papel fundamental no cumprimento dos importantes requisitos para a obtenção de certificados de sustentabilidade de edifícios. Do mesmo modo, pode abranger vários aspectos, desde o equilíbrio e regulação térmica e a poupança de energia até à melhoria da qualidade do ar e à gestão de resíduos.

Referências

Acemoglu, D., 2002. Technical change, inequality, and the labor market (Mudança técnica, desigualdade e mercado de trabalho). J. Econ. Lit. 40, 7-72. https://doi.org/10.1257/jel.40.1.7.

Acemoglu, D., Restrepo, P., 2020. Robots and jobs: evidence from US labor markets. J. Polit. Econ. 128, 2188-2244. https://doi.org/10.3386/w23285.

Bartik, T.J., 1991. Who Benefits from State and Local Economic Development Policies? WE Upjohn Institute for Employment Research, Kalamazoo, MI. https://doi.org/ 10.17848/9780585223940.

Beck, T., Levine, R., Levkov, A., 2010. Big bad banks? The winners and losers from bank deregulation in the United States. J. Financ. 65, 1637-1667. https://doi.org/ 10.1111/j.1540-6261.2010.01589.x.

Boardman, B., 2004. New diretions for household energy efficiency: evidence from the UK. Energy Policy 32, 1921-1933. https://doi.org/10.1016/j.enpol.2004.03.021.

Borusyak, K., Jaravel, X., Spiess, J., 2021. Revisitando projetos de estudos de eventos: estimativa robusta e eficiente. ArXiv Prepr. ArXiv210812419 https://doi.org/10.47004/wp. cem.2022.1122.

Brynjolfsson, E., Rock, D., Syverson, C., 2018. Inteligência artificial e o paradoxo da produtividade moderna: um choque de expectativas e estatísticas. In: A Economia da Inteligência Artificial: Uma Agenda. University of Chicago Press, pp. 23-57. https:// doi.org/10.3386/w24001.

Chamon, M.D., Prasad, E.S., 2010. Porque é que as taxas de poupança das famílias urbanas na China estão a aumentar? Am. Econ. J. Macroecon. 2, 93-130. https://doi.org/10.3386/w14546.

Chen, Y., Yang, W., Hu, Y., 2022. Desenvolvimento da Internet, atualização do consumo e emissões de carbono - um estudo empírico da China. Int. J. Environ. Res. Public Health 20, 265. https://doi.org/10.3390/ijerph20010265.

Chui, K.T., Lytras, M.D., Visvizi, A., 2018. Sustentabilidade energética em cidades inteligentes: inteligência artificial, monitorização inteligente e otimização do consumo de energia. Energias 11, 2869. https://doi.org/10.3390/en11112869. DeCanio, S.J., 2016. Robôs e humanos - complementos ou substitutos? J. Macroecon. 49, 280-291. https://doi.org/10.1016/j.jmacro.2016.08.003.

Disney, R., Gathergood, J., 2013. Literacia financeira e carteiras de crédito ao consumo. J. Bank. Financ. 37, 2246–2254. https://doi.org/10.1016/j.jbankfin.2013.01.013.

Dong, F., Hu, M., Gao, Y., Liu, Y., Zhu, J., Pan, Y., 2022. Como é que a economia digital afecta as emissões de carbono? Evidências de 60 países globais. Sci. Total Environ. 852, 158401 https://doi.org/10.1016/j.scitotenv.2022.158401.

Du, Y., Zhou, J., Bai, J., Cao, Y., 2023. Quebrar a maldição dos recursos: a perspetiva de melhorar a eficiência das emissões de carbono com base na construção de infra-estruturas digitais. Res. Policy 85, 103842. https://doi.org/10.1016/j.resourpol.2023.103842.

Dubois, G., Sovacool, B., Aall, C., Nilsson, M., Barbier, C., Herrmann, A., Bruy`ere, S., Andersson, C., Skold, B., Nadaud, F., Dorner, F., Moberg, K.R., Ceron, J.P., Fischer, H., Amelung, D., Baltruszewicz, M., Fischer, J., Benevise, F., Louis, V.R., Sauerborn, R., 2019. Começa em casa? As políticas climáticas que visam o consumo das famílias e as decisões comportamentais são fundamentais para um futuro com baixas emissões de carbono. Energy Res. Soc. Sci. 52, 144-158. https://doi.org/10.1016/j.erss.2019.02.00.

Feng, Y., Wang, X., Liang, Z., 2021. Como é que a divulgação de informações ambientais afecta o desenvolvimento económico e a poluição por neblina nas cidades chinesas? O papel mediador da inovação tecnológica verde. Sci. Total Environ. 775, 145811 https://doi. org/10.1016/j.scitotenv.2021.145811. Goldsmith-Pinkham, P., Sorkin, I., Swift, H., 2020. Instrumentos Bartik: o que, quando, por que e como. Am. Econ. Rev. 110, 2586-2624. https://doi.org/10.1257/aer.20181047.

Goldstein, B., Gounaridis, D., Newell, J.P., 2020. A pegada de carbono do uso doméstico de energia nos Estados Unidos. Proc. Natl. Acad. Sci. 117, 19122-19130. https:// doi.org/10.1073/pnas.1922205117.

Guo, F., Wang, J., Wang, F., Kong, T., Zhang, X., Cheng, Z., 2020. Medindo a inclusão financeira digital da China: compilação de índices e caraterísticas espaciais. China Econ. Q. 19, 1401-1418. https://doi.org/10.13821/j.cnki.ceq.2020.03.12.

He, Y., Li, K., Wang, Y., 2022. Atravessar o fosso digital: o impacto da economia digital na atualização do consumo dos idosos na China. Technol. Soc. 71, 102141 https://doi.org/10.1016/j.techsoc.2022.102141.

Huang, H., Mo, R., Chen, X., 2021. Novos padrões no desenvolvimento verde regional da China: uma análise de produtividade de intervalo Malmquist-Luenberger. Struct. Chang. Econ. Dyn. 58, 161-173. https://doi.org/10.1016/j.strueco.2021.05.011.

Huang, H., Mbanyele, W., Fan, S., Zhao, X., 2022. Inclusão financeira digital e desempenho energético-ambiental: o que podemos aprender com a China. Estruturar. Chang. Econ. Dyn. 63, 342-366. https://doi.org/10.1016/j.strueco.2022.10.007.

Irfan, M., Elavarasan, R.M., Hao, Y., Feng, M., Sailan, D., 2021. Uma avaliação da vontade dos consumidores de utilizar energia solar na China: perspetiva dos utilizadores finais. J. Clean. Prod. 292, 126008 https://doi.org/10.1016/j.jclepro.2021.126008.

Jin, H., Hong, Z., Irfan, M., 2023. Como é que a construção de infra-estruturas digitais afecta o desenvolvimento com baixo teor de carbono? Uma interpretação multidimensional das evidências da China. J. Clean. Prod. 136467 https://doi.org/10.1016/j.jclepro.2023.136467.

Kou, J., Xu, X., 2022. A infraestrutura da Internet melhora ou reduz o desempenho das emissões de carbono? - uma perspetiva dupla baseada na intervenção do governo local e na segmentação do mercado. J. Clean. Prod. 379, 134789 https://doi.org/10.1016/j.jclepro.2022.134789.

Leng, X., 2022. Digital revolution and rural family income: evidence from China. J. Rural. Stud. 94, 336-343. https://doi.org/10.1016/j.jrurstud.2022.07.004.

Li, B., Liu, J., Liu, Q., Mohiuddin, M., 2022. Os efeitos das infra-estruturas de banda larga na eficiência das emissões de carbono das cidades baseadas em recursos na China: uma experiência quase natural da política-piloto "banda larga da China". Int. J. Environ. Res. Public Health 19, 6734. https://doi.org/10.3390/ijerph19116734.

Li, J., Wu, Y., Xiao, J.J., 2020. O impacto do financiamento digital no consumo das famílias: evidências da China. Econ. Model. 86, 317-326. https://doi.org/10.1016/j.econmod.2019.09.027.

Lin, B., Zhou, Y., 2021. O desenvolvimento da Internet afecta o desempenho energético e as emissões de carbono? Sustain. Prod. Consum. 28, 1-10. https://doi.org/10.1016/j.spc.2021.03.016.

Liu, W., Spaargaren, G., Heerink, N., Mol, A.P., Wang, C., 2013. Práticas de consumo de energia das famílias rurais no norte da China: caraterísticas básicas e potencial para o desenvolvimento de baixo carbono. Energy Policy 55, 128-138. https://doi.org/10.1016/j.enpol.2012.11.031.

Ljungqvist, L., Sargent, T.J., 2018. Teoria Macroeconómica Recursiva. Imprensa do MIT. Lo Prete, A., 2022. Literacia digital e financeira como determinantes dos pagamentos digitais e das finanças pessoais. Econ. Lett. 213, 110378 https://doi.org/10.1016/j.econlet.2022.110378.

Luan, B., Zou, H., Huang, J., 2023. Digital divide and household energy poverty in China [Fosso digital e pobreza energética dos agregados familiares na China]. Energy Econ. 119, 106543 https://doi.org/10.1016/j.eneco.2023.106543.

Mi, Z., Zheng, J., Meng, J., Ou, J., Hubacek, K., Liu, Z., Coffman, D., Stern, N., Liang, S., Wei, Y.-M., 2020. Desenvolvimento económico e convergência das pegadas de carbono das famílias na China. Nat. Sustain. 3, 529-537. https://doi.org/10.1038/s41893-020- 0504-y.

Pan, W., Xie, T., Wang, Z., Ma, L., 2022. Economia digital: um motor de inovação para a produtividade total dos factores. J. Bus. Res. 139, 303-311. https://doi.org/10.1016/j.jbusres.2021.09.061.

Qin, X., Wu, H., Li, R., 2022. Finanças digitais e emissões de carbono das famílias na China. China Econ. Rev. 76, 101872 https://doi.org/10.1016/j.chieco.2022.101872.

Rao, P., Xie, F., Zhu, S., Ning, C., Liu, X., 2022. Efeito da infraestrutura de banda larga nas emissões de CO2 das famílias rurais na China: uma experiência quase natural de uma "aldeia de banda larga". Front. Environ. Sci. 10, 818134 https://doi.org/10.3389/ fenvs.2022.818134.

Seamans, R., Raj, M., 2018. IA, trabalho, produtividade e a necessidade de dados ao nível da empresa. In: NBER Work. Pap. https://doi.org/10.3386/w24239.

Tian, G., Zhang, X., 2022. Economia digital, emprego não agrícola e divisão social do trabalho. Manage. World 38, 72-84. https://doi.org/10.19744/j.cnki.11- 1235/f.2022.0069.

Tian, Y., Zhou, W., 2019. Como é que as emissões de CO2 e a eficiência variam nas cidades chinesas? Variação espacial e factores determinantes em 2007. Sci. Total Environ. 675, 439-452. https://doi.org/10.1016/j. scitotenv.2019.04.239.

Wan, J., Nie, C., Zhang, F., 2021. A infraestrutura de banda larga afecta realmente o consumo das famílias rurais? - uma evidência de experimento quase natural da China. China Agric. Econ. Rev. 13, 832-850. https://doi.org/10.1108/CAER-12- 2020-0303.

Wang, J., Xu, Y., 2021. Utilização da Internet, capital humano e emissões de CO2: uma perspetiva global. Sustainability 13, 8268. https://doi.org/10.3390/su13158268.

Wang, Q., Liang, Q.-M., Wang, B., Zhong, F.-X., 2016. Impacto das despesas das famílias nas emissões de CO 2 na China: determinado pelo rendimento ou pelo estilo de vida? Nat. Hazards 84, 353-379. https://doi.org/10.1007/s11069-015-2067-1.

Wang, Q., Hu, A., Tian, Z., 2022. Transformação digital e consumo de eletricidade: dados da política-piloto de banda larga da China. Energy Econ. 115, 106346 https:// doi.org/10.1016/j.eneco.2022. 106346.

Wang, Shubin, Sun, S., Zhao, E., Wang, Shouyang, 2021. Diferenças urbanas e rurais com avaliação regional do consumo doméstico de energia na China. Energy 232, 121091. https://doi.org/10.1016/j.energy.2021.121091.

Wei, Y.-M., Liu, L.-C., Fan, Y., Wu, G., 2007. The impact of lifestyle on energy use and CO_2 emission: an empirical analysis of China's residents. Energy Policy 35, 247-257. https://doi.org/10.1016/j.enpol.2005.11.020.

Xie, H., Yang, S., Liu, Y., Li, M., 2023. Pode a construção da Internet promover a atualização das empresas? Econ. Res.-Ekon. Istraˇzivanja 36, 1933-1959. https://doi.org/10.1080/ 1331677X.2022.2094440.

Xie, Y., 2014. Uma introdução aos estudos do painel de famílias da China (CFPS). Chin. Sociol. Rev. 47, 3-29. https://doi.org/10.2753/CSA2162-0555470101.2014.11082908.

Xu, N., Shi, J., Rong, Z., Yuan, Y., 2020. Literacia financeira e acessibilidade ao crédito formal: evidências de empresas informais na China. Financ. Res. Lett. 36, 101327 https:// doi.org/10.1016/j. frl.2019.101327.

Yang, S., Wang, H., Wang, Z., Koondhar, M.A., Ji, L., Kong, R., 2021. O nexo entre o crédito formal e a utilização do comércio eletrônico de agricultores empreendedores na China rural: uma análise de mediação. J. Theor. Appl. Electron. Commer. Res. 16, 900-921. https://doi. org/10.3390/jtaer 16040051.

Ye, X., Yue, P., 2023. Literacia financeira e eficiência energética das famílias: uma análise do mercado de crédito e da cadeia de abastecimento. Financ. Res. Lett. 52, 103563 https://doi.org/ 10.1016/j.frl.2022.103563.

Yu, J., Shi, X., Guo, D., Yang, L., 2021. Incerteza da política econômica (EPU) e emissões de carbono da empresa: evidências usando um índice EPU provincial da China. Energy Econ. 94, 105071 https://doi.org/10.1016/j.eneco.2020.105071.

Zhang, M., Liu, Y., 2022. Influência das finanças digitais e da inovação tecnológica verde na eficiência das emissões de carbono da China: análise empírica baseada na metrologia espacial. Sci. Total Environ. 838, 156463 https://doi.org/10.1016/j.scitotenv.2022.156463.

Zhang, Y., Wang, F., Zhang, B., 2023. The impacts of household structure transitions on household carbon emissions in China (Os impactos das transições da estrutura das famílias nas emissões de carbono das famílias na China). Ecol. Econ. 206, 107734 https://doi.org/10.1016/j.ecolecon.2022.107734.

Zhou, J., Yin, Z., Yue, P., 2023. O impacto do acesso ao crédito na eficiência energética. Financ. Res. Lett. 51, 103472 https://doi.org/10.1016/j.frl.2022.103472.

Barbose, G.L., Sanstad, A.H., Goldman, C.A., 2014. Incorporação da eficiência energética no planeamento da transmissão de energia eléctrica: um estudo de caso do oeste dos Estados Unidos. Energy Pol. 67 (2), 319e329.

Bp, 2017. BP Statistical Review of World Energy (Londres). Charnes, A., Cooper, W.W., Rhodes, E., 1978. Measuring the efficiency of decision making units. Eur. J. Oper. Res. 2 (6), 429e444.

Chen, X., 2017. Eficiência energética da indústria da construção: Spatial Differences and Influencing Factors [Diferenças espaciais e factores de influência]. Universidade de Geociências da China, Pequim).

Chen, Y., Liu, B., Shen, Y., Wang, X., 2015. A eficiência energética da indústria de construção regional da China com base no modelo DEA de três fases e no modelo DEA-DA. Ksce J. Civ. Eng. 20 (1), 34e47.

Doyle, J., Green, R., Cook, W., 1996. Votação de preferências e classificação de projectos utilizando DEA e avaliação cruzada. Eur. J. Oper. Res. 90 (3), 461e472.

Essid, H., Ganouati, J., Vigeant, S., 2018. Uma abordagem de eficiência cruzada do jogo mean-maverick para a seleção de carteiras: uma aplicação à bolsa de valores de Paris. Expert Syst. Appl. 113, 161e185.

Feng, C., Zhang, H., Huang, J., 2017. A abordagem para realizar o potencial de redução de emissões na China: uma implicação da análise de envelopes de dados. Renew. Sustain. Energy Rev. 71, 859e872. Goldsmith, R.D., 1951. A Perpetual Inventory of National Wealth [Um Inventário Perpétuo da Riqueza Nacional]. NBER.

Guo, P., Qi, X., Zhou, X., Li, W., 2018. Eficiência energética do fator total do consumo de carvão: uma análise empírica das indústrias intensivas em energia da China. J. Clean. Prod. 172, 2618e2624. IPCC, 2006. Em: Eggleston, S., Buendia, L., Miwa, K., Ngara, T., Tanabe, K. (Eds.), IPCC Guidelines for National Greenhouse Gas Inventories, vol. 2. Institute for Global Environmental Strategies, Japão. Jiang, C., 2017. Medição da eficiência energética das cidades baseadas em recursos com base no quadro do fator total. Universidade de Geociências da China, Pequim).

Kang, D., Lee, D.H., 2016. Eficiência energética e ambiental da indústria e seu efeito na produtividade. J. Clean. Prod. 135, 184e193.

Li, W., Sun, W., Li, G.M., Cui, P.F., Wu, W., Jin, B.H., 2017. Heterogeneidade temporal e espacial da intensidade de carbono na indústria da construção da China. Resour. Conserv. Recycl. 126, 162e173.

Li, X., Xu, L., 2016. Avaliação da eficiência operacional do trânsito ferroviário: uma aplicação da abordagem de eficiência cruzada de jogos melhorada. Syst. Eng. Theor. Pract. 36 (4), 973e980.

Liang, L., Wu, J., 2013. Uma visão retrospetiva e perspetiva sobre a eficiência cruzada da análise envoltória de dados (DEA). J. China Univ. Sci. Technol. 43 (11), 941e947.

Liang, L., Wu, J., Cook, W.D., Zhu, J., 2008. O modelo de eficiência cruzada do jogo DEA e o seu equilíbrio de Nash. Oper. Res. 56 (5), 1278e1288.

Liu, X.H., Chu, J.F., Yin, P.Z., Sun, J.S., 2017. Avaliação de eficiência cruzada DEA considerando a produção indesejável e a prioridade de classificação: um estudo de caso de análise de ecoeficiência de usinas a carvão. J. Clean. Prod. 142 (1), 877e885.

Lo Storto, C., 2017. Um procedimento de peeling DEA-game cross efficiency para classificar fornecedores. In: MATEC Web of Conferences, p. 112.

Ma, X., Liu, Y., Wei, X., Li, Y., Zheng, M., Li, Y., Cheng, C., Wu, Y., Liu, Z., Yu, Y., 2017. Medição e decomposição da eficiência energética do Nordeste da China com base no modelo DEA de supereficiência e no índice de Malmquist. Environ. Sci. Pollut. Control Ser. 24, 19859e19873.

Scheel, H., 2001. Resultados indesejáveis em avaliações de eficiência. Eur. J. Oper. Res. 132 (2), 400e410.

Sexton, R.J., 1986. The formation of cooperatives: a game-theoretic approach with implications for cooperative finance, decision making, and stability. Am. J. Agric. Econ. 68 (2), 214e225.

Sueyoshi, T., Yuan, Y., 2015. A sustentabilidade regional da China e a afetação diversificada de recursos: Avaliação ambiental DEA sobre o desenvolvimento económico e a poluição atmosférica. Energy Econ. 49 (1), 239e256.

Wang, J., Shi, Y., Zhang, J., 2017. Análise da eficiência energética e dos factores de influência nos sectores industriais de Pequim. J. Clean. Prod. 167, 653e664.

Wang, M., Feng, C., 2018. Explorando as forças motrizes das emissões de CO2 relacionadas à energia na indústria de construção da China, utilizando a análise de decomposição teórica da produção. J. Clean. Prod. 202, 710e719.

Wu, J., Liang, L., 2012. Um método de classificação de múltiplos critérios baseado na abordagem de avaliação cruzada de jogos. Ann. Oper. Res. 197 (1), 191e200.

Wu, J., Liang, L., Chen, Y., 2009a. Abordagem de eficiência cruzada do jogo DEA para as classificações olímpicas. Omega 37 (4), 909e918.

Xiang, J., 2011. A estimativa do stock de capital fixo das cidades chinesas. Universidade de Hunan.

Xie, B., Gao, J., Zhang, S., Pang, R., Zhang, Z., 2018. A análise da eficiência ambiental do sector de produção de energia da China com base na abordagem de eficiência cruzada do jogo. Struct. Change Econ. Dynam. 1e10 (5).

Xie, B.C., Fan, Y., Qu, Q.Q., 2012. A forma de produção influencia o desempenho da eficiência ambiental? Uma análise do sistema elétrico da China. Appl. Energy 96 (1), 261e271.

Xu, Q., Dong, Y., Yang, R., Zhang, H., Wang, C., Du, Z., 2019. Diferenças temporais e espaciais nas emissões de carbono no Delta do Rio das Pérolas com base na modelagem de inventário de emissões de multi-resolução. J. Clean. Prod. 214, 615e622.

Xu, R., Lin, B., 2017. Porque é que existem grandes diferenças regionais nas emissões de CO2? Evidências da indústria transformadora da China. J. Clean. Prod. 140, 1330e1343.

Yang, T., Chen, W., Zhou, K., R, M., 2018. Avaliação da eficiência energética regional na China: um modelo de medida baseado em folga de supereficiência com saídas indesejáveis. J. Clean. Prod. 198, 859e866.

Zhang, Z., 2016. Investigação sobre a eficiência energética do ciclo de vida da indústria da construção da China, tendo em conta as emissões de carbono. Universidade de Tianjin.

Zheng, S., Alvarado, V., Xu, P., Leu, S.Y., Hsu, S.C., 2018. Explorando padrões espaciais de redução de emissões de dióxido de carbono por meio de empresas de serviços de energia na China. Resour. Conserv. Recycl. 137, 145e155. L

More
Books!

info@omniscriptum.com
www.omniscriptum.com
OMNIScriptum

Printed by Books on Demand GmbH, Norderstedt / Germany